MEICENGQI
CUIHUA LIEJIE
ZHIQING

煤层气催化裂解制氢

罗化峰 编著

化学工业出版社
·北京·

内容简介

《煤层气催化裂解制氢》共分为6章，涵盖煤层气、氢气和废弃物资源的开发与利用现状，温和超临界热溶与碱式炭化耦合工艺的开发及应用，煤中所含矿物质对炭材料合成与催化裂解煤层气制氢的影响，煤/废弃物基炭材料制备过程优化及其催化裂解煤层气机理研究等内容。

《煤层气催化裂解制氢》可供煤化工、环境工程、能源工程等领域的工程技术人员、科研人员和管理人员参考，也可供高等学校相关专业师生参阅。

图书在版编目（CIP）数据

煤层气催化裂解制氢 / 罗化峰编著. —北京：化学工业出版社，2022.11

ISBN 978-7-122-42104-3

Ⅰ. ①煤… Ⅱ. ①罗… Ⅲ. ①煤层气-催化裂解-制氢 Ⅳ. ①TE624.4

中国版本图书馆 CIP 数据核字（2022）第 162478 号

责任编辑：任睿婷　杜进祥
责任校对：杜杏然
装帧设计：刘丽华

出版发行：化学工业出版社
（北京市东城区青年湖南街 13 号 邮政编码 100011）
印　　装：北京科印技术咨询服务有限公司数码印刷分部
710mm × 1000mm　1/16　印张 $9^1/_2$　字数 156 千字
2023 年 3 月北京第 1 版第 1 次印刷

购书咨询：010-64518888
售后服务：010-64518899
网　　址：http://www.cip.com.cn
凡购买本书，如有缺损质量问题，本社销售中心负责调换。

定　　价：78.00 元

煤层气又称瓦斯气，其主要组成是甲烷，它是煤矿生产安全的最大隐患,不仅能导致煤矿生产人员的窒息,也能引发煤与瓦斯突出以及瓦斯、煤粉尘爆炸。另外，它还是大气的主要污染源之一，其污染程度是二氧化碳的 20 倍以上。因而，对化石能源——煤层气的进一步开发和利用，有利于改善我国能源结构,缓解能源供求矛盾,从而降低石油的进口依赖度。同时也可减少煤矿瓦斯灾害、降低温室效应、改善环境以及促进我国社会和经济的可持续发展，以上这些都将具有重大的现实意义和战略意义。

近几年来，煤层气主要成分——甲烷催化裂解制氢已成为研究热点。它在裂解过程需要的热量比甲烷水蒸气重整制氢低,且整个过程没有二氧化碳或一氧化碳的释放，最终产物只有氢气和炭材料，近似于零排放，符合清洁生产的要求，所以该技术路线引起了许多研究者的重视。该催化裂解过程最核心的影响因素是催化剂的选择，因此开发不同种类催化剂来减小反应活化能和缩短反应时间就成为该工艺能否工业化的关键控制因素。

本书是山西大同大学以罗化峰副教授为首的课题组近年来研究成果的汇编。在早期研究煤层气催化裂解制氢催化剂的过程中，发现煤基催化剂具有好的稳定性。为了阐明该催化剂在煤层气裂解制氢中的作用机理，本书以低阶煤和绿色可持续物质为研究对象,提出了超临界热溶与碱式炭化耦合工艺，应用软件对工艺参数进行优化，开发出不同种类和功能的煤基炭材料催化剂，并深入探讨了煤基炭材料催化裂解煤层气的作用机理，形成了一套煤基炭材料的构筑理论,补充和完善了煤层气催化裂解制氢理论体系。煤基炭材料的构筑研究不仅可以为煤层气直接裂解制氢工艺提供催化剂制备和反应温度选择的理论依据,而且对进一步优化催化剂选择以及裂解产物控制等技术均具有重要的参考价值。

本书的研究工作得到了山西省“1331 工程”提质增效建设计划项目、山西省应用基础研究资助项目（201801D121038）、山西省高校科技创新项目（201802094, 2021L397）、大同市基础研究计划资助项目（2017132）、国家留学基金委公派出国项目等的大力支持。本书的研究工作是由罗化峰副教授和李通达、乔元栋、宁掌玄、薄春丽老师共同完成的，硕士研究生王付权、崔凯，本科生郭雄宇、王煜、段晋阳、王森、关铁钢、柴彪等也做了大量工作，所取得的成果是本研究集体共同努力的结晶。本书由罗化峰编著，并由王付权校核第5章、崔凯校核第6章。

感谢山西省科技厅、山西省教育厅、大同市科技局等在资金方面的资助，感谢山西大同大学各级领导的大力支持，感谢历届研究生和本科生的辛勤工作。

限于编著者时间和水平，本书不足之处在所难免，欢迎广大读者批评指正。

编著者

2022年7月

目 录

第 1 章 煤层气资源开发及利用现状

1.1 煤层气资源开发现状

1.1.1 煤层气资源的潜力和分布

煤层气又称煤矿瓦斯，它是伴随煤的地质演化所产生的一种气体，属于非常规天然气资源的一种，是造成煤矿事故的主要原因之一，其所引发的爆炸也是煤矿事故中最严重的。如果将其直接排放到大气中，其温室效应是 CO_2 的 21 倍，对生态环境破坏性极强。此外，随着我国经济的飞速发展，对常规化石能源的需求量也越来越多，常规天然气的消耗量由 2000 年的 245 亿立方米增长到 2020 年的 3277 亿立方米。国内开采量已无法满足需求，因此国外的进口量增多，对外依存度增强，所以煤层气的高效利用对改善我国的能源结构、减少煤矿事故、缓解供给压力、降低天然气进口的依存度和改善环境等方面有重要的经济和社会意义[1]。目前，非常规天然气中勘探开发和利用进展较为快速的是煤层气，全球常规天然气探明储量还不到煤层气的一半，在拥有煤层气资源的国家中，我国排名第三，仅次于俄罗斯和加拿大。目前我国煤层气的资源储量为 36.8 万亿立方米，其中主要产地位于沁水盆地、鄂尔多斯盆地、吐哈盆地和准噶尔盆地等区域[2]。煤层气作为一种优秀的清洁能源，它的开发利用是全球工业化发展的一大里程碑。自 20 世纪 70 年代加拿大、澳大利亚等国实现煤层气大规模开采以来，俄罗斯、印度等国也相继开始煤层气的勘探开发，而我国煤层气的开发利用较晚，但是我国煤层气产业的发展迅速，仅仅经历四十年就已经完成了从初步勘探到全面开采。截止到 2020 年，我国已经累计生产煤层气 288.66 亿立方米，2020 全年煤层气产量为 67 亿立方米，同比增长 21.8%。我国煤层气还有很大开采空间，未来几年将是煤层气勘探开发的高速发展时期。

在非常规天然气产业中发展最快的就是煤层气的勘探开发，作为世界第三大煤层气资源储备国，我国不仅需要加快开采进度，还需积极参与国际标准的制定。根据《中国天然气发展报告（2021）》可知，2018 年国内天然气产量约为 1603 亿立方米，煤层气为 49 亿立方米；2019 年国内天然气产量达到 1773 亿立方米，同比增加 170 亿立方米，煤层气产量则增加到了 55 亿立方米；到了 2020 年，国内天然气产量再创新高，达到了 1925 亿立方米，煤层气的产量则为 67 亿立方米，如图 1-1 所示。由“十四五”天然气的发展预测及 2035 年展望可知，“十四五”时期末，我国天然气产量将达到 2400 亿立方米，低浓度煤层气的利用效率将进一步提高。2035 年前，我国天然气产量将持续上涨，常规天然气产量将由增速放缓转向稳定，非常规天然气将会保持快速的增长。预计到 2035 年我国天然气产量将会突破 3300 亿立方米，其中非常规天然气占比将达到 40%。非常规天然气产量在天然气中占比逐年递增，为了避免资源浪费并加快资源结构改善，对煤层气的开发与利用迫在眉睫。

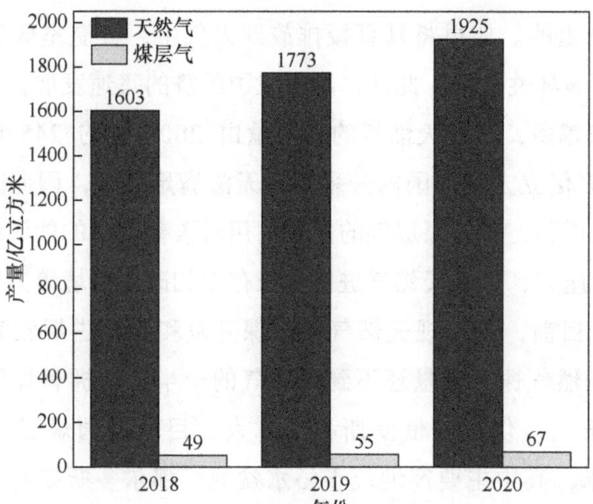

图 1-1　2018 年、2019 年和 2020 年国内天然气与煤层气产量

我国埋深在 300～1500m 的优质煤层气资源在短期内可以得到有效的开发利用，其资源储量约为 27.3 万亿立方米。这部分资源主要集中在华北，大约 17.13 万亿立方米，华南大约 7.26 万亿立方米，西北大约 2.15 万亿立方米，东北大约 0.4 万亿立方米，滇藏的储量则很少。在淮南、淮北、沁水、鄂尔多斯等 11 个含煤盆地中，埋深 2000m 以内的煤层气储量约为 20.56 万亿立方米，其占到我

国煤层气资源总量的 75%。而其中以沁水盆地、鄂尔多斯盆地的储量最大，其储量分别为 3.9 万亿立方米和 9.8 万亿立方米，约占全国资源总储量的 50%。煤层气储量多的盆地正好位于人口密集、经济发达的中东部地区。这些地方的能源供需矛盾较为突出，常规天然气资源非常短缺，煤层气正好可以弥补这一不足，容易形成与经济体系相匹配的煤层气生产基地，从而弥补和平衡能源的供需矛盾。在我国的煤层气资源中，60%的资源埋深小于 1500m，这对于开发和勘探是比较有利的。按照埋藏地层来看，煤层气资源的 90%储存于早中侏罗纪、石炭纪和二叠纪煤层中，处于这些时代的煤层厚度较大，而且分布也很稳定，煤质、煤阶和渗透率都非常有利于煤层气的生成、储存和开发。为了改善我国能源分布和结构的不平衡性，已经修建了贯穿中国东西部 8 省的油气运输管道。这些管道也经过了部分煤层气资源丰富的地方，这将为我国煤层气产业的规模化发展创造出极其有利的条件。中联公司、中石油、阳泉煤业集团和铁法煤业集团近几年已经探明了一部分地区的地质储量和可采储量，这将为我国大规模开采煤层气资源奠定坚实的基础。利用翁氏旋回理论可以预测，我国煤层气储量的增长高峰期应该在 2040 年左右，其煤层气资源的探明率将能达到 40%～50%，中值为 45%，最终可探明煤层气储量为 30 万亿～40 万亿立方米。按照 30%的采收率，最终也能开采 9 万亿～12 万亿立方米，中值为 10 万亿立方米的煤层气。

1.1.2 煤层气开发的地质条件

煤中所含煤层气一般以吸附态和游离态的状态存在，煤是一种多孔和多相的介质，因此煤层所含吸附态的煤层气数量远远超过它所含游离态的煤层气数量，不同的储层条件也会影响煤对甲烷的吸附能力。一般情况下，煤层气通常赋存于煤层的形式是吸附态，但是当温度、压力和水动力条件等外部条件发生变化时，煤层气的吸附态和游离态二者之间就会发生相互转化[3]。当煤的储层中没有水时，煤层气的含量与煤变质程度之间就会呈现出 S 形的三段式变化关系。然而自然界中绝大部分煤层都含有一定量的水，并且能够逐渐实现水饱和，因此一些学者[4,5]系统地研究了煤在水分平衡条件下对煤层气的吸附特性和演化规律。结果表明，在水分平衡条件下，煤中煤层气的含量与煤的变质程度呈现出一种两段式 U 形关系，并且煤层气在煤中的吸附演化作用要滞后于煤的化学结构演化作用。李勇等[3]系统地研究了我国重点矿区煤样中所含煤层气数量与煤阶之间的关系，结果表明，煤层气数量与煤阶关系变化的转折点位于煤样的镜质组最大反射率分别为 1.3%、2.8%和 4.0%附近。刘红林等[6]的研究结果表明，煤岩的组成以及煤阶对煤层气吸附时间长短的影响是最大的。Alexeev 等[7]的研究结果表明，煤中所含煤层气的形态存在着一定数量的固溶态。降文萍等[8]的研究结果表明，通过完善的体积法可以预测出煤吸附煤层气数量与煤样含水率之间的关系。Kim[9]成功地建立了煤对煤层气吸附量与煤层之间多因素的变量关系。邓英尔等[10]运用非线性数学回归方法，分别探讨了煤样的 BET 和 Langmuir 型吸附特征，结果表明 BET 吸附模型比 Langmuir 吸附模型能更好地描述煤对煤层气的吸附规律，这为合理解释低渗煤层中煤层气的解吸困难和开采难度大提供了一定的理论依据。

除去上述地质条件影响因素，煤层气中少量的 CO_2、N_2、重烃等气体对煤层气的吸附和解吸也会产生显著的影响。一些学者[11-13]的研究结果表明，煤样对 CO_2、N_2 和 CH_4 吸附能力的强弱关系为 CO_2＞CH_4＞N_2，因此，20 世纪在圣胡安盆地煤层气的开发过程中首次采用 CO_2 注入的方法，成功实现煤层中所含 CH_4 的驱替，这不仅获得了较高的 CH_4 采收率，同时也使得大量 CO_2 被注入地下，起到了环境保护的作用[14]。蔺金太等[15]的研究结果表明，在地层条件下 Langmuir 吸附模型可以较好地表示煤对 CH_4 和 N_2 的吸附关系，而 BET 吸附模型则可较好地描述煤对 CO_2 的吸附关系。刘日武等[16]的研究结果表明，煤层对煤层气吸附的多物性参数影响过程中，Numerical Analysis 模型的拟合度是最高的，而 Langmuir 等温吸附方程的拟合度相对要差一些。邢万丽[17]的研究结果表明，块煤对煤层气的吸附量并没有粉煤的吸附量大，而且外部条件温度、压力等多种因素也会影响其对多元气体吸附的顺序。温度大于 37.85℃、压力小于 10MPa，对于 CH_4 的回收和 CO_2 的封存是最有利的。

20 世纪 90 年代初，一些学者[18]利用煤层的孔隙性与生气能力之间的关系，首次提出了四种关于煤层气的富集类型。另外一些学者则结合具体的煤层地质条件，建立了不同因素下煤层气的富集模式。如 Qin 等[19]以主应力差、地下水动力场和埋深为影响煤层气富集的主要因素，建立了沁水盆地煤层气的八种富集类型。桑树勋等[20,21]、李贵中等[22]在综合考虑水动力条件、层序地层等特征的条件下，以准噶尔盆地和吐哈盆地为背景，首次建立了盆缘陡坡、缓坡和盆内凹陷+生物成因与热成因之间相互补充的煤层气富集模式。而且证明了构造形态、水文地质和煤层顶底板岩性是影响煤层气富集的主要地质因素，各影响因素在不同的井田，其影响程度是不相同的。李俊乾等[23]、曹新款等[24]建立了郑庄高阶煤区块次级褶皱煤层顶底板泥岩厚度与煤层气含量之间的耦合模型，表明构造应力场的主应力差大于 15MPa 的区域为高渗区。闫涛滔[25]利用同位素指示并结合地下水的流动特征，将渭北区块中高阶煤的煤层气划分为三种富集模式。姜波等[26]建立了鄂尔多斯盆地东缘构造区水文地质的控气模式。晋香兰[27]研究表明，鄂尔多斯盆地侏罗系煤层气为单斜构造的富气模式，煤层气富集程度受古地温、构造应力和地下水动力场的联合控制。韩旭等[28]将淮南煤田玛纳斯矿区煤层气的富集模式归纳为向斜-承压的模式。Zhao 等[29]依据水力和岩性封闭对沁水盆地煤层气的富集模式进行了划分，得到了较好的煤层气富集结果。傅小康等[30]根据褶皱、水动力条件和岩性对沁水盆地煤层气的富集模式进行了划分，得到了较好的煤层气富集结果。孙平等[31]也对低阶煤煤层气的富集模式进行了研究。李五忠等[32]对大宁-吉县地区的煤层气富集模式进行了划分，结果表明此处煤层气的富集主要与水压、气压和构造等地质条件有关。李勇等[33]将柳林地区煤层气的富集模式划分为地层水压封闭模式和单斜构造模式。

煤层气主要是以吸附态的形式存在于煤层中，其生产过程中，首先是将吸附态的气体解吸为游离态的气体，只有当煤层压力下降到气体的临界解吸压力或煤层的温度升高时，处于三相动态平衡下的煤层气才能从煤层中释放出来。其次是煤层气的扩散和渗流，前者是在浓度差的动力作用下煤层气分子浓度寻找再平衡的过程，后者是在压力差的作用下煤层气分子压力再平衡的过程。因此，煤层气的开发应该具有特殊的方式，以造成煤层的变化，从而改变煤层气的赋存条件，达到释放煤层气的过程。煤层气开发过程的地质条件主要会影响煤层气开采施工，这些因素主要有煤层气的成藏、赋存和工程力学条件等，其中关键的控制指标有煤的渗透率、孔隙率特征等等。煤的渗透率是综合反映煤层裂隙系统优劣特征的一项重要指标，孔隙率和孔径分布主要受煤岩成分影响，从而影响其吸附煤层气的能力[34]。煤层有效应力的增加会导致煤中微裂隙的闭合，从而造成渗透率的降低。低渗和特低渗的煤层具有许多常规煤层不具备的特征，煤层压力梯度增大过程中煤基质的收缩逆效应与滑脱效应并存，后者对煤层渗透率的影响具有高阈值性、长效性和主导性。由于煤层是煤层气的储集层，煤层越厚越有利于煤层气的富集[35]，所以煤层气通常富集在厚煤带区域。地下水系统一般通过改变地层的压力来实现对煤层气富集量的控制，这种对煤层气的控制方式一方面可以使煤层气的富集区具有高压力的特征，另一方面煤层气的逸散区主要分布在压力降低的地下水排泄区[36]。

为了实现这种潜在自然资源——煤层气的利用，对煤层气所在区域的地质条件必须有深入的认识，只有充分认识其赋存和变化的规律，才能更好和高效地进行开采，所建气井才能获得较高和稳定的产量。其中煤层的厚度和面积、煤岩组分和所含孔隙结构、煤的产气能力和保存条件、煤层气资源的丰度、煤层的渗透性和解吸能力以及煤层的压力等等对煤层气井能否有高的产能均会产生重要的影响。

傅家谟等[37]在一定条件下，通过利用提纯的煤中所含显微组分不同进行了热演化的产气实验，结果表明不同镜质组和惰质组含量与产气率有着重要的关系，当仅考虑产气率时，煤中所含镜质组越高，越有利于热演化过程中煤层气的生成。其中所含脂肪烃是烃类物质的主要来源，当脂肪烃的侧链结构越长时，该物质的生成烃类物质的能力也越强。余晓露等[38]的研究结果表明，煤中所含显微组分的生烃能力主要与自身化学结构的差异性有关。李荣西等[39]的研究表明，荧光镜质体和树脂体是早期烃类物质的来源，而孢子体和角质体则遵循弱-强-弱的生气变化规律，即这些物质的生气具有一定的高峰期。张旗等[40]的研究表明，煤中所含镜质体对生烃时间有重要的影响，对显微组分进行准确辨识是搞清楚煤中有机质生烃能力的关键基础，而煤中无机组分是否对有机质的生烃能力构成一定的影响尚不清楚。

煤层气的生成与吸附过程非常缓慢，但是煤层气的解吸时间却很短，人为去排水不仅可以促使煤层压力的有效降低，也可以促使煤层气挣脱煤岩的束缚而被排除。另外煤层的孔隙特征与煤层气解吸的程度也有着密切关系。当煤岩所含孔径越小时，煤层气与煤岩二者之间的作用力就会越强，其挣脱煤岩就越困难。

煤层裂隙的评价指标主要是由长度、宽度和发育密度等参数构成，在其他条件一致的前提下，煤层裂隙的宽度就决定了煤层气产出的难易程度，煤层裂隙的密度则决定了煤岩的综合渗透能力，这些参数共同决定了煤层气能否有运移畅通的通道[41]。当煤层的压力降低到所含煤层气能够被解吸出时，煤层气就会自发从煤层解吸。因此，煤层的压力对煤层气能否被解吸出起着决定性的作用。在其他条件一致的情况下，煤层的压力越大、降压的空间越大，就越有利于煤层气从煤层解吸和产出[42]。

煤体的结构对煤层气产生也有着一定的影响。赵家攀等[43]的研究表明，随着煤体结构破坏程度的增强，钻井的扩径现象更加明显，煤层气对生产技术工艺的要求也会提高。以原生结构煤和碎裂结构煤为主的煤层，复合改造以及多尺度支撑剂的使用可以有效地提升煤层的长期导流能力。以碎裂-糜棱结构煤为主的煤层，其开采的核心是对煤层进行有效的卸压和保护性的开采，以改善煤层的导流能力。王保玉[44]的研究表明，赵庄井田构造煤的发育，尤其是糜棱煤的发育导致地面抽采煤层气的难度增加。王青川等[45]的研究表明，常规的压裂技术对硬煤（原生结构煤、碎裂结构煤）的改造具有良好的效果，而对于碎软煤（碎粒煤、糜棱煤）的改造效果则相对较差。当煤系发育中煤层出现一定的断层时，断层可以使煤层发生一定的错位，从而导致多分支水平井无法继续向前钻进。李梦溪等[46]的研究表明，断层的封堵可以有效地保存煤层气，适度的破裂作用也能够增加煤层的渗透性能，褶皱构造能够引起煤层变厚或变薄甚至尖灭，进而影响多分支水平井在煤层中的钻遇率。褶皱构造能使煤层发生挤压或拉张，使煤层裂隙的发育增加，从而影响多分支水平井的产能。褶皱构造能使地层拉张或挤压变形，影响地应力的大小和方向的改变，从而影响多分支水平井的产能。

1.1.3 煤层气抽采现状和经济特征

目前，中国拥有煤层气开发矿权的大型央企一共有三家，分别为中联煤层气有限责任公司（简称中联公司）、中国石油天然气集团有限公司（简称中石油）和中国石油化工集团有限公司（简称中石化）。除了中石油、中联公司之外，亚美大陆等外资公司和晋煤集团、淮南矿业集团等地方企业也拥有开采资格，所有获得煤炭开采权的企业也都可以进行地下瓦斯的抽采。目前，中联公司将所产煤层气利用华北油田的管线并入西气东输，每天供应量为 30 多万立方米。中石油自 20 世纪 80 年代就已经从事煤层气资源的勘探和技术研发。经过长时间的探索和努力，中石油已经在发现规模性煤层气、煤层气勘探技术开发、煤层气商业性试验以及推动我国煤层气产业发展等方面取得了显著成绩，为今后加快煤层气业务的发展奠定了坚实的基础。2009 年 12 月，中石油煤层气公司在山西沁水盆地南部已经拥有 5646 平方千米的矿权，总储量达到 8469 亿立方米。公司已经建成一座年处理 10 亿立方米的煤层气处理中心和年生产能力达 6 亿立方米的煤层气田。二期、三期工程也已经完工，这使得该公司的总处理规模将达每年 30 亿立方米。2015 年已向西气东输管线供应煤层气超过 1 亿立方米。到 2020

年，煤层气年产能已达到 8.07 亿立方米，占全国煤层气供应量的 14%。除了产能扩张外，中石油还积极统筹和建设全国煤层气的输送管网，将大规模煤层气的输送纳入它所掌控的国家天然气管网。与其他公司相比，管网作为连接资源与市场的重要环节，掌握其使用权的中石油将进一步体现出控制性的优势。晋煤集团是山西省国资委的控股企业，该集团立足自身资源优势，已经建立起了集“抽采-输送-销售-开发”于一体的煤层气体系。该集团可以日供煤层气 160 万立方米，包括压缩、液化、发电，还建有可以并入国家“西气东输”的管道。晋城沁水煤田煤层气压缩站的日产量可达 72.5 万立方米，其中该集团占到 82.7%。目前，该集团已拥有 2300 多口地面煤层气抽采井，地面煤层气钻井近 1600 口。日产煤层气达到 320 余万立方米，日使用煤层气已达 200 多万立方米，年抽采能力达到 11 亿立方米，年利用煤层气 11.5 亿立方米，已成为全国最大的煤层气开发和利用基地，并建成了世界上最大的 120MW 煤层气发电厂，在运行瓦斯发电机组共 97 台，逐渐形成了集煤层气勘探、抽采、输送、压缩、液化、发电、燃气汽车和居民用气等的一套成熟和完整的产业链。

与其他国家一样，我国煤层气主要以井下抽放和地面抽采相结合的方式生产，一方面通过不断改进井下抽放的技术来提高利用效率，另一方面也积极展开地面抽采相关技术的研发。我国井下煤层气抽放已经开展 50 多年，技术逐渐趋于成熟，随着近年来国家对环保要求的增强，已经有更多的煤层气利用设施建成投产，这将会极大地促进井下煤层气的利用。地面煤层气抽采井主要分布在山西、陕西、内蒙古地区，其钻井数量已占全国总数的 80%以上。地面抽采煤层气规模较大的国内企业主要有中联公司、中石油、晋煤集团蓝焰公司等，参与合作开发的国外企业主要有美国格瑞克公司、远东能源公司等。目前已经建好的项目有山西沁水枣园井组煤层气项目、辽宁阜新刘家井组煤层气项目、山西晋城潘庄煤层气项目和山西沁南潘河煤层气项目等，已经形成了地面抽采 10 亿立方米的煤层气产能。大量煤层气项目的建设将导致地面抽采量的逐年上升，然而我国瓦斯抽采技术较落后，所抽采出的瓦斯含量低于 30%，按照目前我国瓦斯排放标准可以排放，因此造成了煤炭企业对抽采的低浓度瓦斯仍采用排空的方式释放。这将对煤矿周边环境产生极大的危害，造成严重的温室效应，从而导致矿区周围的环境将遭受严重的破坏。

煤层气是一种稀缺和分布不均衡的资源，它是植物埋藏地下并经过漫长的地质年代作用而逐步形成的一种非再生性资源，其总量是有限的。随着国家开始大规模开采和利用，其储量将会逐渐减少，因此该资源的稀缺程度也会不断增加。从目前已探明资源的分布可以看出，与其他油气资源一样，煤层气的分布主要集中在少数的几个地域，而且煤层气资源的勘探与开采环节还具有高风险和资本高度密集的特点。这使得煤层气公司必须是勘探开发一体化的公司，它们必须能够有效地控制和管理煤层气勘探和开采的各个环节，使得每个生产环节之间能够紧密配合，从而有效地节约中间环节的费用，取得规模性的经济效益。只有通过上述手段才能极大地分散上游开采过程中所产生的风险，有效提高企业的竞争力，尤其是在下游价格发生波动时，才能够实现资源勘探与开采之间的盈亏互补，始终保持公司的整体利润稳定。煤层气产业发展的最终目标是能够成为天然气的有效补充，为我国的能源安全与保障提供服务，这就需要煤层气产业在发展过程中不仅要实现环境保护，也需要实现资源、经济和环境的可持续与协调发展。然而在实际发展过程中，煤层气产业存在着一定的安全和环境等问题，这些是不能完全依靠市场机制来解决的，因此有必要建立有效的规章制度来保障我国煤层气产业的健康发展。

煤层气产业的中游市场主要是煤层气的液化、管道输送和存储，这些基础设施的建设是我国煤层气产业能否实现大规模商业性利用的关键所在。煤层气的规模利用，需要建设优良的管网系统。在我国天然气快速发展的背景下，我国煤层气利用天然气管网进行输送具有了良好的机遇，这是由于煤层气与常规天然气的成分相当，使得煤层气能够与天然气混输，从而共同占有市场。煤层气的管道设施主要包括利用已建好的天然气管网和自建管网两部分。目前途经中部地区的天然气主管线主要有三条，即陕京一、二号管线和西气东输管线，另外还有数条地方建设的天然气输气管线，如山西省的临汾—河津管线等。随着西气东输、北气南输、海气登陆等天然气发展战略的实施，我国已加快了天然气管网的建设，逐渐形成了国产天然气管线、进口天然气管线和沿海天然气管线之间的互通。从而实现了区域乃至全国天然气的联网供应，这些天然气管网为煤层气的开发和利用创造了良好的条件。此外，考虑到地理位置和煤层气规模等因素，一些企业还自建了部分管道。目前已建成的管道有晋煤集团的“李庄—晋城矿区”煤层气输气管道和中联煤层气公司的“端氏—晋城—博爱”煤层气输气管道，这两条管道是以沁水盆地南部煤层气作为气源，主要供应周边城镇和企业使用。目前，国内三大石油巨头中石油、中石化和中海油均在天然气管线和下游市场不断进行开拓，在国内天然气“保障重点城市，民用优先”的供应格局下，已经形成了以北京和上海为主的环渤海和长三角地区的多路气源供应保障局面。今后我国的天然气管线建设将围绕以全国天然气管道为基础的城市分支建设，将建成“横跨东西、纵贯南北、连通海外”的基本框架，形成以四大气区（新疆、青海、陕甘宁和川渝）外输管线和进口管线为主干线，连接海气登陆管线和进口 LNG 等气源的全国性天然气管网。

天然气管道是连接企业和市场的桥梁，管道输送具有规模经济性、范围经济性和环境经济性。煤层气产、输、销和用的不可间断性要求输送、供给和使用要相对稳定，而且具有连续性。输气管线把天然气的开采、集输、净化和用户联成一个不可分割的密闭系统，这就要求煤层气的管输量必须与供求量相匹配，并保持稳定。与其他商品不同，煤层气不能脱离管输而独立包装和运输，也不能离开管输单独进行交换、分配和销售，有管道的地方才能进行煤层气的生产和消费。煤层气的管输一般为单向单程输送，用户沿管道分布，供、输、销和用没有额外的选择。天然气的管道输送价格仍由国家直接控制，所以煤层气的价格仍无法做到真正的市场调节，也不可能形成以市场供求和竞争为导向的市场机制。因此，在相当长的时间内，天然气管道输送价格还必须以成本为导向定价，这就势必导致在煤层气产区必须统筹规划管线建设，协调现有天然气管线的利用，节约投资，避免重复建设。通过规章制度来保护煤层气企业、管道输送公司和下游销售企业等各方利益，有效利用资源，从而促进煤层气市场的良性发展。

1.2 煤层气资源利用现状

1.2.1 煤层气浓缩技术

低浓度煤层气中除含有一定浓度的 CH_4 之外，还含有杂质性气体 CO_2、N_2 和 O_2。由于 CO_2 气体含量少且和 CH_4 的物化性质差异性较大，因此可采用变压吸附法或醇氨吸收法等成熟脱碳技术实现脱除。剩余问题就是 CH_4 与 N_2 和 O_2 的分离，实质上就是 CH_4 与空气的分离。为了安全起见，目前的重点研究对象是 CH_4/N_2 的分离，即主要针对脱氧和脱碳预处理后的气体进行进一步处理，也有部分学者直接对含氧煤层气进行浓缩研究，但报道较少。目前针对煤层气中

CH_4浓缩分离的技术主要有深冷分离技术、变压吸附技术、膜分离技术和气体水合物技术[47]。深冷分离技术的基本思路是利用节流、绝热膨胀等机械方式，首先将混合气压缩液化，然后基于不同气体组分沸点不同的特点，通过精馏工艺将混合气中的不同气体组分分离开来。由于 CH_4 和 N_2 的沸点在常压下分别是 −162℃和−196℃，两者沸点之间有 34℃的温度差异，采用深冷分离技术，利用 CH_4 和 N_2 沸点间的差别，在理论上可以实现 CH_4 的分离和提纯。陶鹏万等[48]公开了一种针对煤层气低温分离提纯 CH_4 的工艺。该工艺首先经除氧、加压、脱硫、脱碳和干燥预处理，之后对煤层气进行低温分离，对 CH_4 含量在 45%以上的煤层气，可以获得产品纯度为 95%～99%的液态 CH_4，回收率可达到 95%～99%。但是一些研究者认为处理 CH_4 浓度含量较低的煤层气，例如 CH_4 含量在 50%左右的煤层气，低温法并不经济，原料气需要加压到 6.0MPa 才能满足装置运行的要求。杨克剑[49]开发了一种针对含氧煤层气的液化分离工艺及装备，采用单级精馏设备，在低温低压下操作，可将 CH_4 含量 50%的含空气煤层气提纯到 CH_4 含量 99.9%。同时中科院理化技术研究所和山西阳泉煤业集团公司合作，在阳泉建立 4300m³/d 的煤层气液化分离工业性装置，于 2007 年 8 月试车成功。产品气中 CH_4 浓度达到了 99%以上，可在工业和民用中使用。范庆虎等 [50]针对大庆庆深煤层气，对液化精馏工艺进行了模拟计算与比较分析，研究结果表明适当增加理论板数可以有效提高 LNG 中 CH_4 的浓度，并以此作为理论依据，于 2007 年 8 月在大庆庆深气田建立了一套日处理 5m³ LNG 的煤层气液化装置。

另据报道[51]，2009 年 12 月，重庆能源集团与香港中华煤气有限公司以投资-建设-运营模式合作开展了其矿区的煤层气液化项目。该项目采用催化脱氧技术脱氧，然后采用深冷分离方法将煤层气（CH_4 含量为 40%左右）提纯到 CH_4 含量 98%以上，年产 9100 万立方米提纯 CH_4，是全球最大的煤层气液化项目，于 2012 年竣工。2011 年，由中国煤炭科工集团重庆研究院、重庆能源集团松藻煤电公司和中国科学院理化技术研究所三家单位联合，在重庆松藻煤电公司建成了低浓度煤层气深冷液化制 LNG 工业化示范装置。采用 MRC 混合制冷工艺，在 −182℃和 0.3MPa 下进行含氧煤层气的分离和液化，处理 4800m³/d CH_4 含量为 29%～31%的低浓度瓦斯，生产 LNG 1.1t/d，CH_4 浓度可达到 99%以上，回收率达到 98.75%[52]。低温深冷分离技术在分离 CH_4 和 N_2 方面已经十分成熟，该技术可以有效分离不同浓度的原料气，使产品气具有 CH_4 纯度高、回收率高等优点。但是该工艺装置复杂，操作条件要求高，整体设备投资较大，运行费用高，尤其是在处理低浓度的煤层气时，能耗较大，仅在处理大规模煤层气（$10^6m^3/d$）时才有经济性，不适用于中小规模煤矿煤层气的浓缩和分离。

近年来，变压吸附（PSA）分离已成为一项快速发展的新型气体分离或净化技术，变压吸附常规时序均包含加压和减压两个步骤，通过步骤交替循环，吸附剂进行吸附和解吸，吸附时依据气体中不同组分在吸附剂上的平衡吸附量或扩散速率的差异而实现分离[53]。鉴于 PSA 分离技术不仅具有自动化程度高和操作简便的特点，还适用于处理大中小不同的气源规模，占地和投资相对较少，近年来这项技术不断进入公众的视野。在石油化工、煤化工、环境治理、冶金等领域均实现了大量应用[54-63]，例如：焦炉煤气、裂解气中 H_2 的提纯；合成气、水煤气、黄磷尾气中 CO 的提纯；油田气、垃圾填埋气、天然气中 CH_4 的提纯等方面。近年来，国内外针对 CH_4/N_2 体系的变压吸附研究也逐渐增多。Cavenati 等[64]研究了 13X 沸石分子筛和碳分子筛复合床层对 $CH_4/N_2/CO_2$ 体系的变压吸附分离。采用四步变压吸附循环工艺，可将 70%CH_4-20%CO_2-10%N_2 的混合气提纯到 CH_4 含量 92%以上，CO_2 完全脱除，CH_4 回收率为 43.5%，目前在天然气净化领域已经实现了工业化。在煤层气 CH_4 提纯领域，国内研究较多，目前正处于工程示范阶段。煤炭科学技术研究院有限公司于 2013 年在山西省阳泉市盂县跃进煤矿建立一套 $30000m^3/d$ 的低浓度煤层气提纯制液化天然气（LNG）装置，2015 年试车成功。采用三级六塔正流程变压吸附工艺可将 CH_4 提纯到 90%，经压缩制成液态燃料。和深冷分离技术相比，变压吸附适用范围大，并可在室温和低压（小于 3MPa）下操作，设备简单、运行成本低、投资少，技术研发相对成熟，并且也具有了一定的示范性技术经验。因此，采用变压吸附提纯煤层气中 CH_4 在技术和经济上是可行的，重点在于寻找适合气源中不同气体组分分离的吸附剂。

膜分离技术是 20 世纪 70 年代开发的气体分离技术，近年来已广泛应用于气体分离领域，如 H_2 提纯、空气中 N_2 和 O_2 分离等领域[65-68]。其基本思路是气体通过膜分离器，在两侧压力差的推动下，混合气体中不同组分由于在表面吸附能力不同而导致扩散速率差异，进而实现分离。目前针对 CH_4/N_2 分离的膜研究还处于起步阶段，分离效果较好的研究报道较少，主要在于 CH_4/N_2 的分离因子过小。Baker 等[69]综述了膜分离在天然气净化（$CH_4/CO_2/N_2$ 分离）领域的应用并预测了该技术的发展前景，指出了 CH_4/N_2 膜分离技术的难点，研究表明 CH_4 选择性膜分离比要达到 6 以上，N_2 选择性膜分离比达 17 以上，才能取得较好的分离效果。Javaid 等[70]利用十八烷基三氯硅烷对孔径大小为 5nm 的氧化铝无机膜进行了表面改性修饰，制备出无机/有机杂化膜。该膜对 CH_4 和 N_2 的分离比为 1.5，通过改变合成条件可以改变其表面性质和孔隙结构，该方法对于开发煤层气分离膜具有重要的指导意义。Elkamel 等[71]阐述了 LDA 局部密度近似法模型的构建机理，并利用该模型研究了 CH_4/N_2 在微孔膜上的分离机制，分析认为 LDA 模型比经典 Kelvin 方程更能精确地描述孔内的凝聚状态，尤其是对于孔宽小于 10nm 的孔隙结构。Huang 等[72]分别以聚砜、聚苯醚等三种玻璃态聚合物为原料，制备出不同厚度的有机膜，经测试 CH_4/N_2 分离系数介于 0.85～1.14，长达 1 年时间的监测研究表明，薄膜的厚度和老化效应对 N_2 和 CH_4 的分离选择性和渗透能力有着重要的影响。Baker 等[73]公开了一种两步法膜分离提纯天然气中 CH_4 的工艺，该工艺采用对 CH_4 有选择性的膜，经计算机模拟可将含甲烷 81%的天然气提纯到 96%。该工艺所采用的膜对 CH_4/N_2 的分离系数较低，仅为 2.5。同时该专利也指出为了实现甲烷的分离，目标气体的循环量需要达到 68%，或者采用较低的操作温度进行混合气分离，效率较低。与低温深冷分离技术相比，膜分离的好处在于工艺设备简单、能耗低、占地和运行费用少，其应用前景广阔，但膜分离对制膜技术依赖性较高。目前还存在着很多缺陷，主要在于膜的选择性差、成本高、易损坏和寿命短等问题。而针对 CH_4/N_2 的膜分离技术还处于基础的研究阶段，在煤层气 CH_4 提纯领域研究较少，离工业化推广应用还有较大的距离，高选择性分离膜以及配套工艺开发是下一步研究的重点。

气体水合物技术是一种新兴的煤层气分离技术，操作原理是利用煤层气中各气体组分在水溶液中生成水合物所需的温度及压力不同而实现分离。合理控制温度和压力可以使易生成水合物的气体组分先生成水合物，从而从气相中分离，达到提纯的目的。气体水合物是一种较为特殊的包络状晶体化合物，主客体分子之间无化学的计量关系，形成的点阵主体分子（水分子）之间经氢键连接形成一系列具有不同尺寸规格的笼状空穴，可将小分子包络在其中。在 10℃和 38MPa 条件下，甲烷与水能够形成稳定的水合物，在分解释放时，甲烷水合物释放气量是其固体体积的 200 倍。加之氮气水合物的相平衡生成条件和 CH_4 的相差较大，由此便可通过控制反应的温度和压力将 CH_4 从 CH_4/N_2 体系中分离出来[74]。Seo 等[75]通过温度搜索法研究了 CH_4/N_2-水-环醚三相水合物平衡，考察了添加不同种 3%环醚（四氢呋喃、环氧丙烷和 1,4-二噁烷）对生成水合物的平衡压力和温度的影响。结果表明添加四氢呋喃对平衡温度和压力的影响最大，不仅可以降低平衡的压力，同时在压力不变的情况下，还可以提高平衡温度。吴强等[76,77]采用自制的高压可视化实验装置，测定了水合物技术分离煤层气的效果，并通过气相色谱分析了煤层气在分离前后的浓度改变。结果表明经过一级水合物分离，可将 34.13%和 57.89%的 CH_4 混合气分别提纯到 66.39%和 77.22%～88.13%。国内外学者针对煤层气水合物分离过程中的热力学、动力学、相平衡以及添加剂的影响开展了大量的研究工作，试图努力改善相平衡的条件，从而提高水合物的生成速率和煤层气的分离效果。但总体来说，水合物分离技术还处于实验室研究阶段，相关指标还有待于进一步的发展与突破，特别是急需解决水合物的合成时间以及操作复杂等方面的难题。

从以上论述以及对比可以发现，膜分离技术和气体水合物分离技术还处于实验室研发阶段，理论和工艺方面的研究报道还很少，依然有待进一步开发。深冷分离和变压吸附技术是相对成熟的技术，鉴于深冷分离工艺存在着设备复杂、投资较高和运行费用较高的问题，仅适用于特大规模的气源处理。而变压吸附技术却表现出自动化程度高、适应气源范围广、运行费用低，并且有了部分成功的示范案例，因此变压吸附技术被认为是最有可能成功推广到煤层气 CH_4 提纯过程的一项技术。

国内针对煤层气中 CH_4/N_2 分离的研究还相对较少，近十几年来，仅有个别院校在进行研究，而且多数还处于实验室研究阶段，部分示范工程项目还有待进一步的工业化验证。龚肇元等[78]公开了变压吸附工艺分离煤层气中 CH_4 的一种技术，该技术采用硅胶作为预处理剂进行煤层气脱水，活性炭作为吸附剂，在吸附压力最高为 1.0MPa 时可将煤层气中 CH_4 的浓度提高到 95%以上。利用该工艺所提出的方法，河南焦作矿务局建立了首套处理量为 $1.2\times10^4m^3/d$ 的煤层气变压吸附装置，并利用 Skarstrom 循环工艺，将煤层气中 CH_4 的浓度从 30.4%提高到 63.9%，增加产品气 CH_4 置换步骤后可进一步提高到 93.7%。该技术需要通过较高的回流比才能获得高浓度的 CH_4。由于该技术存在着回收率低、吸附压力高和操作流程复杂等问题，没有被进一步推广和应用。重庆大学鲜学福院士课题组对变压吸附法提纯煤层气中 CH_4 进行了大量的理论和实验研究。辜敏等[79]采用 T103 活性炭（CH_4/N_2 平衡分离系数为 2.9）作为吸附剂，在自主设计和研制的单柱变压吸附装置上，基于升压、吸附、顺减、逆减和抽真空的时序过程，在吸附压力为 0.9MPa 下，基于平衡效应机理，将

CH_4/N_2混合气体中CH_4的浓度由30%左右提高到49%左右。杨明莉[80]用正二十四烷对商品活性炭进行了表面亲烃改性，减少了活性炭表面的酸性基团数量，同时也降低了表面的极性。根据相似相容的原理，提高了活性炭对CH_4的亲合性。在自主开发的双柱变压吸附装置上，经两次变压吸附循环，将含CH_4约60%的模拟煤层气提纯为91%的CH_4浓缩气体。徐龙君等[81]采用改性活性炭和改性煤样为吸附剂，在两塔变压吸附装置上研究了二者的吸附性能，结果表明改性活性炭的吸附性能要明显优于改性煤样，可将原料气中CH_4的浓度从30.75%提高到59.52%。张福凯[82]对中梁山煤样和重庆松藻煤样进行了改性，以改性煤样作为吸附剂，进行了煤层气变压吸附提纯的实验研究，结果表明酸碱改性后的中梁山煤样经过一次变压吸附循环，可将混合气中的CH_4浓度从21.60%提高到53.04%，体现出较为优良的吸附分离性能。Zhou等[83]在吸附床上测量了9种吸附剂对CH_4/N_2混合气体的穿透曲线，依据吸附量计算出了CH_4/N_2分离的选择因子。结果表明具有大量微孔的高比表面积吸附剂分离系数更高，其中活性炭样品的分离因子达20，是迄今为止报道平衡分离系数最高的吸附剂，并申请了相关专利。

王琰[84]以实验室自制TJU01活性炭样品为吸附剂，研究温度和压力对CH_4/N_2混合气体分离系数的影响，并配制了1.3% CH_4-空气模拟排空煤层气。通过单塔CH_4的穿透曲线找到了适合两塔变压吸附的最优条件，包括吸附时间、处理量和操作压力等，最终经过两塔变压吸附实验验证了在最优条件下，可对1.3%CH_4-空气混合气中的CH_4实现完全净化。常心洁等[85]对变压吸附井下低浓度瓦斯过程中切换时间和反吹阻力对产品气流量和CH_4浓度的影响进行了研究。结果表明采用JX-204型活性炭，可将地下采煤工作面上隅角的低浓度煤层气中CH_4浓度降低至0.5%以下，从而可以保证煤矿抽采的安全作业。波兰矿业冶金大学Buczek课题组利用分子探针的方法测试了泥煤和硬煤所制炭质吸附剂中孔结构的参数，结果表明CH_4能有效分离的关键在于吸附剂中所含的小于0.44nm的细微孔。进一步检测发现所制吸附剂SM2和CMS中含有这一类孔，而且它们的分离因子达到了4.0。当以它们为吸附剂时，通过变压吸附技术可将CH_4的浓度从50%提高到80%以上。Olajossy等[86]以活性炭作为吸附剂提纯煤层气中的CH_4，通过真空变压吸附工艺和计算机模拟研究，结果表明在5℃下，可将煤层气中CH_4的浓度从55.2%提高到96%～98%。在置换步骤中CH_4的回流比为1.8～2.12时，CH_4的回收率可达86%～91%。日本燃气电力投资有限公司[87]在辽宁阜新煤矿建设了一套处理气量 1000m^3/h 的低浓度煤层气的 CH_4 提纯变压吸附中试装置。该装置的吸附剂为 Osaka Gas 公司所生产的高选择性活性炭，采用双床真空变压吸附工艺可以将 CH_4 的浓度从 21%提高到 48%，回收率达到了 93%。上海汉兴能源科技有限公司以活性炭为吸附剂，采用真空变压吸附（VPSA）技术提纯低浓度煤矿瓦斯，已在山西晋城成庄矿实现了工业性试运行，将 CH_4 浓度为 12%的低浓度煤矿瓦斯提纯到 30%，并用于瓦斯发电，项目原料气处理量为 1200m^3/h。目前，基于平衡效应分离的 PSA 技术，在 CH_4/N_2 混合体系分离的实际应用过程中遇到了一定的瓶颈，原因首先是现有的吸附剂平衡分离系数太小，很难实现两种气体的高效分离，因而提浓的幅度有限；其次，CH_4 在平衡效应里作为强吸附组分容易被优先吸附，产品气必须通过抽真空的方式解吸获得，若想获得高浓度的 CH_4，必须采取多级压缩和增加置换步骤，因而能耗相对还是较高。另外现有的平衡分离型吸附剂主要以活性炭为主，因此努力提高吸附剂的 CH_4/N_2 平衡分离系数或者对活性炭进行改性将是今后的主要研究方向。

1.2.2 煤层气利用和开发效益

煤层气的开发推动了市场对煤层气的需求，最早进行煤层气地面开发的国家是美国。美国在煤层气的形成机理、储存方式、勘探和开发利用等方面进行了研究并取得了重大突破，成为世界上第一个实现煤层气商业化开发的国家。美国也是世界上煤层气产量最高的国家，2010 年全国的煤层气产量就达到了 489 亿立方米，占同期全美天然气产量的 6.1%；2015 年，全美煤层气销售量占天然气销售总量的比例达到 7.5%。在煤层气的利用方面，因为美国天然气行业发达，天然气管道遍布全美，尤其是中东部地区覆盖率更高，所以美国的煤层气一般都是由天然气管道输送给用户。目前煤层气资源量排名第二的国家是加拿大，但是由于其煤层气开发起步较晚，因此煤层气的开发进度较慢。近几年，由于其连续油管施工技术和液氮压裂技术在煤层气开发中得到了广泛的应用，导致煤层气的开发取得了重大进展和突破。德国对煤层气发电技术的研究较为成功，鲁尔集团从萨尔州获取浓度为 50%的煤层气用于发电，其发电技术采用燃气轮机和蒸汽机发电联合运行。2003 年开发了矿用瓦斯供电、供热和制冷耦合机组一体的集装箱式结构。我国最早在 1950 年就开始利用煤矿瓦斯井下抽采技术进行煤层气的开采，近几年技术的飞速发展使得我国的煤层气开采量屡创新高，其中山西晋城的产量是最多的。晋城位于国家大力推进建设的沁水盆地煤层气产业化基地的核心区域，是全国最大的煤层气生产基地，煤层气储量占全国的 1/3、产量占全国的 2/3，是国内勘探程度最高、开发潜力最好和商业利用最成熟的煤层气产业基地。

目前煤层气的直接商业应用率仍然较低，2020 年山西省煤层气产量达 54 亿立方米，但是其中只有地面开采的利用率较高，大多数井下抽采的都直接排放而无法有效利用。煤层气的开采一般分为两种：地面钻井开采和井下瓦斯抽出。地面钻井开采的煤层气产量大、时间长，并且含有的甲烷浓度高，可以直接使用，商业化利用的一般都是地面开采的。井下瓦斯抽出的产量小、甲烷浓度低，因此无法大规模应用，又因为地面开采的煤层气产量只有总产量的 20%，所以煤层气的利用率很低。由于煤层气的产出地比较集中，因此一般都是就近消费，主要是以民用和工业燃气为主，还可以用于合成氨、合成甲醇等相关产品的生产。以山西省为例，山西省作为我国煤层气的主要生产地区，其产量占全国的 74%。自 2004 年起山西晋城就开始推广煤层气汽车项目，为出租车、公交车和社会车辆等进行“油改气”，变烧油为烧气，完成了由高成本、高耗能、高污染向低成本、低耗能和低排放的过渡，创造了城市客运车辆“油改气”多个全省和全国第一。煤层气也已成为晋城城乡居民常态能源。晋城 2021 年城乡居民煤层气使用率达到 85%以上，2022 年提高到 90%。2015 年，太原理工大学张卫珂团队打破技术瓶颈，通过煤层气制备出纳米洋葱碳材料并实现量产，解决了煤层气利用无法量产这一难题，并在 2019 年完成中试，年销售额已破千万元。山西吕梁、太原等地通过省合资管网收集产出煤层气，并在山西临县境内并入国家铺设的专用管道，为河南多个城市提供可用的煤层气。

煤层气的清洁利用技术一直是国内外研究的一大热点，目前国内外已经不单是对煤层气的开采和运输进行研究，而且已经向高新技术领域进行研究。虽然已经取得了一定的发展，但是目前天然气、煤层气主要还是以燃烧利用为主。虽然煤层气作为非常规天然气比起煤炭燃烧已经大大降低了对环境的污染，但是煤层气燃烧后还是会产生大量的二氧化碳和一氧化碳，对大气还是会产生很大的影响。煤层气也可作为燃料电池的原料，该电池的工作原理与普通电池相似但又有区别，它不会失效或需要重新充电，只要有燃料供给就能产生电力。由于煤层气在燃料电池中并不燃烧，所以不会产生像化石燃料燃烧的污染物，因此具有安静、高效和没有污染的优点。此外，煤层气燃料电池与氢气燃料电池相比，前者并不需要额外的大量基础设施投入，从而节省大量资金。然而目前大多数燃料电池的利用仍处于示范阶段，这是由于燃料电池的供电成本仍高于传统发电模式，但其高度可靠和无污染性的优点也越来越受到政府的关注。另外，煤层气还可作为二甲醚（DME）、甲醇和其他合成燃料的生产原料。合成燃料生产每天大约需要消耗甲烷 14 万立方米以上。DME 是一种用途非常广泛的合成燃料，比如冷冻剂、气雾推进剂等，日本 NKK、住友和 TAIHEYO 煤矿公司已经利用煤层气成功合成 DME，NKK 指出这一化学合成方式有望减少向大气中排放大量的甲烷。随着人们越来越重视对于环境的保护，为了实现“零排放”，人们对于清洁能源的需求也越来越大。一开始的“零排放”指的是工厂生产中没有废水排出，所有的废水经过净化后还可以继续使用。2007 年“发展循环经济促进废物零排放论坛”在北京召开，从此“零排放”这个理念才逐渐普及大众。煤层气的“零排放”主要指在利用过程中不产生二氧化碳和一氧化碳的排放，为了达到这一目标，我国在煤层气的开发和利用上，还要付出更多努力[88]。

煤层气开发既能为国家提供紧缺的清洁能源，又能减少煤矿安全事故和温室气体的排放，从而带来显著的能源效益、安全效益和环境效益。①能源效益：我国能源结构比较单一，煤炭占主导地位，占到 70.4%以上，石油占 20.8%，而天然气占比不到 5%，这对国民经济发展和国家能源战略都具有较大的制约。煤层气可以有效补充我国天然气能源的不足，因此，煤层气的开发利用对能源结构的改善具有非常重要的意义。②安全效益：煤矿瓦斯事故仍是“第一杀手”，据不完全统计，每年煤矿死亡总人数中因瓦斯事故死亡人数约占 1/3，且多为煤矿重特大事故。煤层气开发可以减少煤矿安全事故、防治矿井瓦斯灾害、保障社会稳定，实现煤矿安全生产的重点是防治瓦斯。只有在煤炭生产中先抽煤层气后采煤，才能有效地减少采煤过程中的矿井瓦斯涌出量。③环境效益：开发利用煤层气可以有效减少温室气体的排放，因煤层气主要成分为甲烷，且甲烷是一种主要的温室气体，其温室效应是二氧化碳的 21 倍。所有温室气体中，甲烷对全球气候变暖的影响力占 15%，仅次于 CO_2。与 CO_2 相比，甲烷对臭氧层的破坏能力是 CO_2 的 7 倍，臭氧层的破坏将导致全球气温上升和极端天气的产生。因此，高效抽取和利用煤层气，能够减少外排瓦斯气对环境的污染。不同气体对全球变暖潜能值，如表 1-1 所示。

表 1-1 不同气体对全球变暖潜能值

温室气体	全球变暖潜能值（GWP）
二氧化碳（CO_2）	1
甲烷（CH_4）	21
一氧化二氮（N_2O）	310
氢氟碳化物（HFCs）	140～11700
全氟碳化物（PFCs）	6500～9200
六氟化硫（SF_6）	23900

注：单位质量温室气体排放在 100 年周期内对大气温室效应的贡献，取二氧化碳 GWP=1。

参考文献

[1] 李增学, 魏久传, 余继峰, 等. 煤地质学[M]. 北京: 地质出版社, 2009.

[2] 刘大锰, 刘正帅, 蔡益栋. 煤层气成藏机理及形成地质条件研究进展[J]. 煤炭科学技术, 2020, 48(10): 1-16.

[3] 李勇, 孟尚志, 吴鹏, 等. 煤层气成藏机理及气藏类型划分——以鄂尔多斯盆地东缘为例[J]. 天然气工业, 2017, 37(08): 22-30.

[4] Wang Z F, Su W W, Tang X, et al. Influence of water invasion on methane adsorption behavior in coal[J]. International Journal of Coal Geology, 2018, 197(1): 74-83.

[5] Liu J F, Fokker P A, Peach C J, et al. Applied stress reduces swelling of coal induced by adsorption of water[J]. Geomechanics for Energy and the Environment, 2018, 16: 45-63.

[6] 刘红林, 王红岩, 张建博. 煤层气吸附时间计算及其影响因素分析[J]. 石油实验地质, 2000, 23(4): 365-367.

[7] Alexeev A D, Ulyanova E V, Starikov G P, et al. Latent methane in fossil coals[J]. Fuel, 2004, 83 (10): 1407-1411.

[8] 降文萍, 崔永君, 钟玲文, 等. 煤中水分对煤吸附甲烷影响机理的理论研究[J]. 天然气地球科学, 2007, 18(4): 576-579.

[9] Kim A G. Estimating methane content of bituminous coal beds from adsorption data[R]. US Bureau of Mines Report of Investigations, 1977: 8247.

[10] 邓英尔, 马宝岐, 刘慈群. 煤层气-固界面作用与吸附模型[J]. 煤田地质与勘探, 2004, 32(3): 24-26.

[11] Zhang Y, Chi Y, Xing W L, et al. Competitive adsorption/desorption of $CH_4/CO_2/N_2$ mixture on anthracite from china for ECBM operation[J]. Energy Procedia, 2017, 105: 4289-4294.

[12] Arami-Niya A, Rufford T E, Zhu Z. Activated carbon monoliths with hierarchical pore structure from tar pitch and coal powder for the adsorption

of CO_2, CH_4 and N_2[J]. Carbon, 2016, 103: 115-124.

[13] Gao S, Ge L, Rufford T E, et al. The preparation of activated carbon discs from tar pitch and coal powder for adsorption of CO_2, CH_4 and N_2[J]. Microporous and Mesoporous Materials, 2017, 238(15): 19-26.

[14] 杨宏民, 冯朝阳, 陈立伟. 煤层注氮模拟实验中的置换-驱替效应及其转化机制分析[J]. 煤炭学报, 2016, 41(09): 2246-2250.

[15] 藺金太, 郭勇义, 吴世跃. 煤层气注气开采中煤对不同气体的吸附作用[J]. 太原理工大学学报, 2001, 32(1): 18-20.

[16] 刘曰武, 苏中良, 方虹斌, 等. 煤层气的解吸/吸附机理研究综述[J]. 油气井测试, 2010, 19(6): 37-44, 83.

[17] 邢万丽. 煤中 CO_2、CH_4、N_2 及多元气体吸附/解吸、扩散特性研究[D]. 大连: 大连理工大学, 2016.

[18] 张新民, 张遂安, 钟玲文, 等. 中国煤层甲烷[M]. 西安: 陕西科学技术出版社, 1991.

[19] Qin Y, Fu X H, Jiao S H, et al. Key geological controls to formation of coal-bed methane reservoirs in Southern Qinshui basin of China: Hydrologic conditions[C]//US Environmental Protection Agency, ed. Proceedings of the 2001 International coal-bed methane symposium. Berminhanms: The University of Alabama, 2001: 21-28.

[20] 桑树勋, 秦勇, 范炳恒, 等. 层序地层学在陆相盆地煤层气资源评价中的应用[J]. 煤炭学报, 2002, 27(2): 113-118.

[21] 桑树勋, 秦勇, 傅雪海, 等. 陆相盆地煤层气地质[M]. 徐州: 中国矿业大学出版社, 2001: 118-161.

[22] 李贵中, 孙粉锦, 李五忠, 等. 西北地区低煤阶煤层气地质[M]. 北京: 石油工业出版社, 2012: 121-122.

[23] 李俊乾, 刘大锰, 姚艳斌, 等. 郑庄区块煤层气富集主控地质因素及开发前景分析[C]//中国煤炭学会煤层气专业委员会. 2011 年煤层气学术研讨会论文集. 北京: 地质出版社, 2011: 187-195.

[24] 曹新款, 朱炎铭, 王道华, 等. 郑庄区块煤层气赋存特征及控气地质因素[J]. 煤田地质与勘探, 2011, 39(1): 16-19, 23.

[25] 闫涛滔. 渭北煤层气示范区煤储层成藏演化控制机理研究[D]. 北京: 中国地质大学, 2016.

[26] 姜波, 许进鹏, 朱奎, 等. 鄂尔多斯盆地东缘构造-水文地质控气特征[J]. 高校地质学报, 2012, 18(3): 438-446.

[27] 晋香兰. 鄂尔多斯盆地侏罗系煤层气富集机制与模式[J]. 煤炭科学技术, 2015, 43(2): 38-43, 48.

[28] 韩旭, 田继军, 冯烁, 等. 淮南煤田玛纳斯矿区向斜-承压式煤层气富集模式[J]. 天然气地球科学, 2017, 28(12): 1891-1897.

[29] Zhao J Z, Shi B H. Division of coal-bed methane-enriched units in the Qinshui basin[J]. Chinese Science Bulletin, 2005, 50: 140-145.

[30] 傅小康, 霍永忠, 叶建平. 低阶煤煤层气富集模式初探[J]. 中国石油勘探,

2006, (3): 73-75.
[31] 孙平, 王勃, 孙粉锦, 等. 中国低煤阶煤层气成藏模式研究[J]. 石油学报, 2009, 30(5): 648-653.
[32] 李五忠, 陈刚, 孙斌, 等. 大宁-吉县地区煤层气成藏条件及富集规律[J]. 天然气地球科学, 2011, 22(2): 352-360.
[33] 李勇, 汤达祯, 许浩, 等. 柳林地区煤层气勘探开发模式研究[J]. 天然气地球科学, 2014, 25(9): 1462-1469.
[34] 蒋仲安, 王龙飞, 张晋京, 等. 煤层注水对原煤孔隙及甲烷吸脱附性能的影响[J]. 煤炭学报, 2018, 43(10): 2780-2788.
[35] 高为, 韩忠勤, 金军, 等. 六盘水煤田煤层气赋存特征及有利区评价[J]. 煤田地质与勘探, 2018, 46(5): 81-89.
[36] 刘震, 孙迪, 李潍莲, 等. 沉积盆地地层孔隙动力学研究进展[J]. 石油学报, 2016, 37(10): 1193-1215.
[37] 傅家谟, 刘德汉, 盛国英. 煤成烃地球化学[M]. 北京: 科学出版社, 1992: 37-84.
[38] 余晓露, 白帆, 李志明. 衰减全反射-显微傅立叶变换红外光谱原位分析煤有机显微组分[J]. 石油实验地质, 2012, 34(6): 664-670.
[39] 李荣西, 金奎励, 李秉新. 煤岩组分化学结构随热演化变化与生烃性研究[J]. 煤田地质与勘探, 2004, 32(4): 19-22.
[40] 张旗, 金维浚, 王金荣, 等. 岩浆热场对油气成藏的影响[J]. 地球物理学进展, 2016, 31(4): 1525-1541.
[41] 胡咤咤, 黄文辉, 刘素平, 等. 沁水盆地南部煤储层显微裂隙发育的影响因素[J]. 煤田地质与勘探, 2016, 44(5): 63-70.
[42] 穆福元, 王红岩, 吴京桐, 等. 中国煤层气开发实践与建议[J]. 天然气工业, 2018, 38(9): 55-60.
[43] 赵家攀, 张永琪, 张帅, 等. 煤体结构对煤层气井产能的影响及其对策[J]. 中国煤层气, 2017, 14(2): 9-12.
[44] 王保玉. 晋城矿区煤体结构及其对煤层气井产能的影响[D]. 北京: 中国矿业大学, 2014.
[45] 王青川, 金国辉, 王琪. 浅析煤体结构对压裂的影响[J]. 中国煤层气, 2017, 14(5): 8-10, 27.
[46] 李梦溪, 刘庆昌, 张建国, 等. 构造模式与煤层气井产能的关系——以晋城煤区为例[J]. 天然气工业, 2010, 30(11): 10-13, 114.
[47] 吕秋楠, 李小森, 徐纯刚, 等. 低浓度煤层气分离提纯的研究进展[J]. 化工进展, 2013, 32(6): 1267-1272.
[48] 陶鹏万, 王晓东, 黄建. 煤层气低温分离提浓甲烷工艺[P]. CN 200410040155.4. 2004-07-09.
[49] 杨克剑. 含空气煤层气液化分离设备[P]. CN 200952872. 2007-09-26.
[50] 范庆虎, 李红艳, 杨光达, 等. 利用 LNG 冷量的空气分离液化流程的模拟与分析[J]. 中山大学学报论丛, 2007, (02): 83-87.
[51] 谭蓉蓉. 我国成功实现含氧煤层气分离、液化并将工业化生产[J]. 天然气工业, 2007, (8): 5-6.

[52] 肖露, 姚成林. 低浓度煤层气液化分离装置的气源适应性试验研究[J]. 煤炭学报, 2017, 42(01): 242-248.
[53] 赵娜. 低浓度煤层气提纯技术与应用的研究进展[J]. 广东化工, 2016, 43(20): 133-135.
[54] 马东祝. 煤矿乏风瓦斯变压吸附分离吸附剂的研究[D]. 北京: 北京工业大学, 2013.
[55] Ruthven D M, Farooq S. Air separation by pressure swing adsorption[J]. Gas Separation & Purification, 1990, 4(3): 141-148.
[56] 张进华, 曲思建, 王鹏, 等. 变压吸附法提纯煤层气中甲烷研究进展[J]. 洁净煤技术, 2019, 25(6): 8-16.
[57] Chue K T, Kim J N, Yoo Y J, et al. Comparison of activated carbon and zeolite 13X for CO_2 recovery from flue gas by pressure swing adsorption[J]. Industrial & Engineering Chemistry Research, 1995, 34(2): 591-598.
[58] Kulish S, Swank R P. Rapid cycle pressure swing adsorption oxygen concentration method and apparatus[P]. US 5827358. 1998-10-27.
[59] Cavenati S, Grande C A, Rodrigues A E. Upgrade of methane from landfill gas by pressure swing adsorption[J]. Energy & Fuels, 2005, 19(6): 2545-2555.
[60] Miyajima H, Kodama A, Goto M, et al. Improved purge step in pressure swing adsorption for CO purification[J]. Adsorption, 2005, 11(1): 625-630.
[61] Kasuya F, Tsuji T. High purity CO separation by pressure swing adsorption[J]. Gas Separation & Purification, 1991, 5(4): 242-246.
[62] Pezolt D J, Collick S J, Johnson H A, et al. Pressure swing adsorption for VOC recovery at gasoline loading terminals[J]. Environmental Progress & Sustainable Energy, 2010, 16(1): 16-19.
[63] Wakasugi R, Kodama A, Goto M, et al. Recovery of volatile organic compounds as condensate by pressure swing adsorption with enriching reflux[J]. Journal of Chemical Engineering of Japan, 2004, 37(2): 374-377.
[64] Cavenati S, Grande C A, Rodrigues A E. Layered pressure swing adsorption for methane recovery from $CH_4/CO_2/N_2$ streams[J]. Adsorption, 2005, 11(1): 549-554.
[65] Adhikari S, Fernando S. Hydrogen membrane separation techniques[J]. Industrial & Engineering Chemistry Research, 2006, 45(3): 875-881.
[66] 杨爱军, 张丽红, 孙丽萍, 等. 膜技术在天然气分离中的应用[J]. 辽宁化工, 2008, 37(4): 245-248.
[67] Scholes C A, Stevens G W, Kentish S E. Membrane gas separation applications in natural gas processing[J]. Fuel, 2012, 96(1): 15-28.
[68] 孙福强, 崔英德, 刘永, 等. 膜分离技术及其应用研究进展[J]. 化工科技, 2002, 10(4): 58-63.
[69] Baker R W, Lokhandwala K. Natural gas processing with membranes: an overview[J]. Industrial & Engineering Chemistry Research, 2008, 47(7): 2109-2121.
[70] Javaid A, Ford D M. Solubility-based gas separation with oligomer-modified inorganic membranes: Part Ⅱ. Mixed gas permeation of 5nm alumina membranes

modified with octadecyltrichlorosilane[J]. Journal of Membrane Science, 2003, 187(1-2): 141-150.
[71] Elkamel A, Noble R D. A statistical mechanics approach to the separation of methane and nitrogen using capillary condensation in a microporous membrane[J]. Journal of Membrane Science, 1992, 65(1-2): 163-172.
[72] Huang Y, Paul D R. Effect of film thickness on the gas-permeation characteristics of glassy polymer membranes[J]. Industrial & Engineering Chemistry Research, 2007, 46(8): 2342-2347.
[73] Baker R W, Lokhandwala K A, Wijmans J G, et al. Two-step process for nitrogen removal from natural gas[P]. US 6425267. 2002-07-30.
[74] 杨江峰, 赵强, 于秋红, 等. 煤层气回收及 CH_4/N_2 分离 PSA 材料的研究进展[J]. 化工进展, 2011, 30(4): 793-801.
[75] Seo Y T, Kang S P, Lee H. Experimental determination and thermodynamic modeling of methane and nitrogen hydrates in the presence of THF, propylene oxide, 1,4-dioxane and acetone[J]. Fluid Phase Equilibria, 2001, 189(1): 99-110.
[76] 吴强, 张保勇, 孙登林, 等. 利用水合原理分离矿井瓦斯实验[J]. 煤炭学报, 2009, (3): 361-365.
[77] Zhang B, Wu Q. Thermodynamic promotion of tetrahydrofuran on methane separation from low-concentration coal mine methane based on hydrate[J]. Energy & Fuels, 2010, 24(4): 2530-2535.
[78] 龚肇元, 王宝林, 陶鹏万, 等. 变压吸附法富集煤矿瓦斯气中甲烷[P]. CN 85103557. 1986-10-29.
[79] 辜敏, 鲜学福, 张代均, 等. 变压吸附技术分离 CH_4/N_2 气体混合物[J]. 煤炭学报, 2002, 27(2): 197-200.
[80] 杨明莉. 煤层甲烷变压吸附浓缩的研究[D]. 重庆: 重庆大学, 2004.
[81] 徐龙君, 鲜学福, 杨明莉. 煤矿区煤层气浓缩净化方面的基础研究[J]. 中国煤层气, 2005, 2(4): 11-15.
[82] 张福凯. 改性煤变压吸附浓缩煤层气中甲烷的研究[D]. 重庆: 重庆大学, 2005.
[83] Zhou L, Guo W, Zhou Y. A feasibility study of separating CH_4/N_2 by adsorption[J]. Chinese Journal of Chemical Engineering, 2002, 10(5): 558-561.
[84] 王琰. 空气中低含量甲烷的变压吸附分离[D]. 天津: 天津大学, 2004.
[85] 常心洁, 刘应书, 刘文海, 等. 变压吸附法分离低浓度瓦斯的试验研究[J]. 低温与特气, 2006, 24(6): 18-21.
[86] Olajossy A, Gawdzik A, Budner Z, et al. Methane separation from coal mine methane gas by vacuum pressure swing adsorption[J]. Chemical Engineering Research & Design, 2003, 81(4): 474-482.
[87] Utaki T. Development of coal mine methane concentration technology for reduction of greenhouse gas emissions[J]. Science China Technological Sciences, 2010, 53(1): 28-32.
[88] 武强. 浅谈煤层气综合利用技术[J]. 科学与财富, 2015, 7(12): 79-81.

第2章 氢气和废弃物的利用现状

2.1 氢气的利用现状

2.1.1 氢气的发现及意义

（1）氢气的发现

氢是宇宙中已知含量最多的元素，在地球上主要存在于水和有机化合物中，它是最轻和最简单的元素。氢气作为由氢元素组成的化合物，已被使用 200 多年。在 16 世纪初，来自瑞士的科学家 Paracelsus 发现在硫酸和铁反应的过程中可以产生一种气体，之后来自瑞士的科学家 Myelin 在 17 世纪报道了这是一种可以燃烧的气体。1776 年，Henry Cavendish 确认了氢气是一种独特的物质，因此他也被认为是氢气的发现者。1800 年，英国 Nicholson 和 Carlisle 第一次使用电解水产出氢气，James Dewar 在 1898 年成功将氢气液化成为液体。美国 NASA（美国国家航空航天局）从 1958 年开始致力于太空探索并为氢气的利用做出了巨大的贡献。1981 年，苏联完成了航天飞机 TU-155 的飞行，该飞行器是世界上第一架使用液体氢作为燃料的喷气发动机的飞机。之后科学家们一直致力于氢气各种新型利用技术的开发，并结合其极易燃烧的特性，有效地管理和合理地使用氢气[1-3]。

在经济发展过程中，人们主要利用煤炭、石油等化石能源来提供动力。目前，化石能源的消耗已经占据全球能源消耗的 80%以上，其中石油占据全球能源消耗的 33%[4]。如何解决人们对于化石能源的过度依赖，是全球经济能否进一步发展的关键。现有的化石能源储量以当前消耗增长速度来看，石油、天然气支持不到 50 年，而煤炭储量最多支持 100 年，能源危机问题已经刻不容缓[5]。一旦化石能源无法满足需求，不仅会给全球带来经济危机，还会引起全球对能源的争夺，从而导致战争。此外，化石燃料在燃烧产生能量的同时也会产生大量的污染性气体，如 CO_2、CO、SO_2 等，这些气体是造成全球温室效应、大气污染等环境问题的罪魁祸首。这些环境问题会影响水资源和动植物的生存环境，进而减少人类的生存空间，例如温室效应会使全球海平面上升淹没沿海低地国家和地区等。现在人类正处于急需改变的时代，如果无法找到能够替代化石能源的清洁能源，未来将会由于化石能源的短缺以及环境污染，给经济和健康方面带来难以承受的后果。为了避免这一后果，对于替代能源有以下要求：①能够持续可再生；②产物中没有污染环境的气体；③能够有效减弱温室效应；④能够形成一种新的产业链，只有这样才能满足未来经济的可持续性发展。经过国内外学者的研究，氢能源因为其性能优秀，被认为是化石能源的替代品。从技术上看，氢能源的应用可以分为氢气的生产和利用两部分。

（2）氢气的生产

近年来，中国积极开展煤的清洁高效利用战略，因此煤制氢技术的发展对调整我国能源结构和满足氢能需求具有重要的战略意义。当前，煤制氢气技术主要有以下三种：①煤间接制氢，该技术首先将煤转化为甲醇，再通过甲醇的重整制备氢气；②煤焦化制氢，该技术首先将煤经干燥、预热、软化等过程制成焦炭，副产品焦炉煤气中将含有 55%～60%的氢气，其余是甲烷、一氧化碳等气体；③煤气化制氢，该技术首先将煤炭经气化转变成氢气和一氧化碳的合成气，之后经脱硫和净化，再经 CO 变换、低温甲醇洗等过程，最终转换为氢气[6]。当前，我国工业制氢领域主要采用煤气化制氢技术，然而该技术的核心是煤气化技术。因此，依据不同煤的特性，必须首先获得最优煤气化操作条件。随着国家对低阶煤的重视，煤制氢技术不仅能实现其高效利用，同时也能依托低成本的优势实现高效制氢，从而促进国家能源消费结构的多元化[7]。然而，传统煤制氢技术虽然商业化成熟、产量高、成本低，但由于存在水煤气变换等反应，仍会导致大量 CO_2 产生，而且反应所需温度较高，煤气化的投资成本巨大，这些因素都将会极大地限制该技术的规模化发展和应用。

电解水制氢工艺具有可靠性高、环境污染小和氢气纯度高的优点，但其也存在制氢成本高的缺点。目前，按照电解质的种类，电解水制氢技术分为三类，分别为质子交换膜、碱性和固体氧化物电解水制氢。其中，在酸性条件下，质子交换膜电解水技术具有高导电性、产生氢气速度快等优点，但其透气性和经济适用性较差，从而限制了该技术的商业化应用[8]。碱性电解水制氢与酸性介质电池相比，虽然拓宽了非贵金属或金属氧化物催化剂的选择范围，技术性和稳定性均成熟，但其高耗能必将导致该技术的高成本，从而限制了该技术的工业化发展。固体氧化物电解水制氢由于无法突破环境温度高和能耗高的技术壁垒，从而增加了其电极制作成本。因此，降低电解水制氢的过程能耗、降低电价、设计高活性和耐久性催化剂成为发展电解水制氢工艺的当务之急。

与其他化石燃料、碳氢化合物和生物质相比，甲烷制氢技术的适用范围更广。然而，甲烷制氢技术也存在着一些挑战性的难题：①甲烷是一种稳定的碳氢化合物，其四面体结构很难被破坏；②甲烷分子中碳原子的 sp^3 杂化轨道使得 C—H 键很稳定，导致其化学性质不活泼。因此，开发低成本、高转化率的多相催化剂是首要任务。现有的甲烷制氢工艺主要有甲烷水蒸气重整、甲烷二氧化碳重整、甲烷部分氧化和甲烷催化裂解。

甲烷水蒸气重整（SMR）反应一般在 600～850℃，14～20bar（1bar=0.1MPa）的条件下进行，可以生成氢碳比为 3∶1 的合成气。在工业化生产过程中，SMR 通常会生成积炭，这主要是由于发生了 CO 歧化和甲烷裂解反应。为了有效地减少积炭生成量，一般需要通过提高水蒸气比例达到延长催化剂使用寿命的目的。但是由该工艺的反应动力学可知，虽然水碳比提高可以促进化学平衡向右移动，提高甲烷转化率，然而过量水蒸气可以导致反应装置内部能耗的升高，增加成本。因此甲烷水蒸气重整制氢工艺的关键就是开发高活性和高稳定性的催化剂，同时该催化剂还应具有好的抗烧结性和抗硫中毒性。

近年来，针对甲烷水蒸气重整的研究主要集中在Ⅷ族贵金属和非贵金属基催化剂的实验评价及金属-载体相互作用的影响方面，其中镍基催化剂因其低成本、催化性好，成为最具发展前景的催化剂。从商业化角度来看，SMR 是目前工业上应用最广泛的制氢工艺，但其反应条件苛刻，并且需要在高温和高压下进行，因此对转换炉及设备材质要求严格，增加了经济成本。此外，重整过程一般还需要很多蒸汽，并伴随大量 CO_2 的生成，不符合绿色化学发展的理念。同时为了保证所需氢气的纯度，还必须采用其他技术对混合气体进一步净化，导致设备投资和资源消耗增加。

甲烷二氧化碳重整（DMR）是一种充分利用甲烷和二氧化碳反应来缓解温室气体排放，生产合成气的工艺路线，其中开发高活性和稳定性催化剂是实现 DMR 反应的关键。所开发催化剂的比表面积、金属颗粒在载体上的分散程度和金属-载体相互作用等均会显著影响催化剂的性能。研究发现，以 Ir、Rh、Ru、

Pt 和 Pd 等为代表的贵金属负载型催化剂在 DMR 反应中具有比较优异的催化性能和好的抗积炭能力[9]。Ni 基和 Co 基催化剂与贵金属催化剂相比，它们的活性接近，而且价格低廉，但由于反应过程中有大量积炭存在和金属颗粒的烧结，导致催化剂的失活速度较快。因此，鉴于成本和原料稀缺性考虑，贵金属一般以助剂加入催化剂中，为催化剂提供新的活性位点，增强反应活性，另外也可提高催化剂的结构性能和化学性质，如酸碱性或氧化还原性，从而有效地调节积炭的形成。对于 DMR 工艺来说，高活性、选择性、抗积炭催化剂的研制是该工艺能否实现工业化的重中之重。

与 SMR 和 DMR 不同，甲烷部分氧化（POM）制氢是放热反应，该反应在 750～800℃下进行，产物 $H_2/CO=2$，可用于甲醇的生产。相较于甲烷水蒸气重整工艺，POM 工艺可减少 10%～15%的能源需求和 25%～30%的成本投资[10]，其甲烷转化率可达 90%，对 CO 和 H_2 的选择性较高。然而，该反应过程较为激烈，极易发生催化剂床层的飞温现象，导致催化剂因热稳定性差而失活[11,12]。POM 工艺的反应机理一般认为是：①直接氧化机理，该机理认为反应过程接触时间很短，重整反应不可能发生，甲烷在活性金属表面分解为碳物种和游离态氢，之后它们继续与氧反应生成 CO 或少量的 CO_2 和氢气；②间接氧化机理，该机理认为 CH_4 分子先与 O_2 进行完全燃烧反应，之后剩余的 CH_4 与 H_2O、CO_2 发生重整反应从而生成 CO 和 H_2。在实际的生产过程中，由于放热将导致热点效应和大量氧化、重整、积炭、水煤气变换等副反应发生，这些都使得 POM 反应趋于复杂。POM 在工业化生产过程中通常采用催化部分氧化制氢，在催化剂的作用下，该反应的温度更低，耗能也较小，而且不需要增加精密的热回收除尘装置。用于 POM 反应的催化剂可分为两大类：贵金属和过渡金属基催化剂，综合考虑催化剂性能和成本，最具工业应用价值的是 Ni 和 Co 基催化剂。但这两种催化剂因其热稳定性差、颗粒易烧结和载体相变等容易迅速失活，催化剂的表面热点效应和气体温度梯度的形成会影响催化剂的稳定性和使用寿命，这对催化剂的设计提出了更高要求。此外，由于反应过程中需要纯氧的加入，这也增加了该工艺的经济成本，从而导致其工业化应用进程减缓。

煤层气的主要成分为甲烷，地面开采的煤层气中甲烷的含量一般都大于 95%，对煤层气进行催化裂解主要就是对其中的甲烷进行催化裂解。甲烷一般条件下裂解温度需要达到 1200℃。甲烷催化裂解技术就是将其中的 C—H 键进行断裂，因为所需的离解能很大，所以需要高温才能实现，加入催化剂可以有效地降低催化裂解所需的温度，从而降低能耗。甲烷裂解反应如式（2-1）。

$$CH_4 \xrightarrow{\text{催化剂}} C + 2H_2 \qquad \Delta H_{298K} = 74.8\text{kJ/mol} \tag{2-1}$$

近几年，甲烷裂解制氢技术已经成为学者们的研究重点，相较于其他制氢技术，该技术整个过程中没有任何二氧化碳或一氧化碳等污染气体产生，符合“零排放”的理念。通过裂解甲烷不仅可以制备清洁能源氢气，还可以得到一些碳纳米材料[13-15]（碳纳米管、纳米洋葱碳、碳纳米球状物等）。其中氢气作为目前使用最广泛的清洁能源，其燃烧只有水产生，没有其他副产物，因此它被视为煤炭、石油等化石能源的替代品。为了防止全球温室效应的加剧，减少二氧化碳的排放，化石能源的使用量正在逐年减少，而对清洁能源的需求量反而逐年增加。截止到 2020 年，全球所需氢气的量已经达到 8000 万吨，预计到 2030 年会突破 1 亿吨。为了应对上述问题，以往的制氢技术因需要消耗大量的水，而且还会产生二氧化碳，已经无法满足需求，所以国内外研究更加集中在“零排放”的催化甲烷裂解制氢工艺上。该工艺最大的难题在于转化过程需要在高温下进行，只有加入催化剂才能降低裂解温度，因此该工艺能否工业化的核心影响因素就是低成本和高稳定性催化剂的合成与制备。

甲烷催化裂解制氢中使用的催化剂主要有金属基和炭基两种类型。常用的金属催化剂有 Ni、Co、Fe 等，在低温状态下，Fe、Co 基催化剂较 Ni 基催化剂的活性更高。Bayat 等[16]研究了在 570～700℃条件下具有不同 Ni 含量的 Ni/Al_2O_3 催化剂催化甲烷裂解制氢，结果表明，Ni 含量和反应温度都对催化性能起到了关键作用，反应温度在 625℃和 650℃时，50%的 Ni/Al_2O_3 催化剂表现出最高的活性和稳定性。镍基催化剂在甲烷裂解制氢中虽然具有较高的活性，但其对温度敏感，在高温下会迅速失活。因此，学者们试图将其他金属加入 Ni 基催化剂中，以提高其在温度高于 600℃时的反应活性和稳定性。Li 等[17]研究表明，加入 Cu 会将 Ni/SiO_2 催化剂中的活性颗粒稀释，使得催化剂性能提高，随着反应进行，催化剂会随着积炭的增加而缓慢失活。Rastegarpanah 等[18]将 La、Ce、Co、Fe 和 Cu 分别加入 $Ni/MgO\cdot Al_2O_3$ 合成金属复合催化剂，并研究了不同添加量对甲烷裂解制氢的影响，结果表明，$Ni/15\%Cu/MgO\cdot Al_2O_3$ 在 675℃高温下活性最高。一些学者为了进一步提高催化剂的活性，尝试在负载金属催化剂中加入贵金属。Bayat 等[19]研究表明，将 Pb 添加到 Ni/Al_2O_3 后，催化剂的活性有了较大提高。Awadallah 等[20]研究表明，在镍基中加入 Mo 后，$Ni\text{-}Mo/Al_2O_3$ 催化剂裂解甲烷制氢，甲烷的转化率较未添加 Mo 有了显著提高。Takenaka 等[21]研究了不同贵金属（Rh、Pd、Ir 和 Pt）加入 5% Ni/SiO_2 对甲烷催化裂解反应的影响。结果表明，加入 Pd 显著提高了反应的稳定性和产氢速率，但加入其他金属却降低了 Ni/SiO_2 的活性。综上所述，在催化剂中加入贵金属可以提高其活性和稳定性，但其成本相对昂贵，工业应用前景较差。

为了找到一种高效、廉价的金属来替代贵金属制作催化剂用于甲烷催化裂解制氢，发现铁是很好的替代品，因为它的 3d 轨道是部分填充，通过剩余未填充部分接受电子可以促进烃类解离。惰性氧化物负载铁催化剂已经得到了广泛研究，氧化铝和二氧化硅是常见的惰性氧化物载体。Avdeeva 等[22]研究了在空速 $45L/(g_{cat}\cdot h)$和温度 650℃条件下，$n\%$ Fe/Al_2O_3（n=14～63）催化剂裂解甲烷的碳沉积。结果表明，42% Fe/Al_2O_3 催化甲烷裂解反应的碳沉积量最多，生成的碳沉积量为 $28g_c/g_{cat}$。Ibrahim 等[23]在温度 700℃和空速 $6.6L/(g_{cat}\cdot h)$条件下，对 $n\%$ Fe/Al_2O_3（n=14～63）催化甲烷裂解制氢性能进行了研究，发现随着 Fe 含量从 14%增加到 42%，其氢产率不断增加，最大达到 77.2%。随着 Fe 含量从 42%增加到 63%，氢产率则呈现下降的趋势，这可能是 Fe 含量过高使催化剂的比表面积减小导致的。Zhou 等[24]在温度 750℃和空速 $7.5L/(g_{cat}\cdot h)$条件下，对 $n\%$ Fe/Al_2O_3（n=3.5～70）催化剂催化甲烷裂解性能进行了研究。结果表明，催化剂活性随着 Fe 含量的增加而增加，当 Fe 含量达到约为 41%时，催化剂活性降低。Ermakova 等[25]在温度 700℃和空速 $8L/(g_{cat}\cdot h)$条件下，对 60% $Fe/n\%SiO_2$（n=0～30）催化甲烷裂解性能进行了研究。结果表明，60% $Fe/15\%SiO_2$ 的催化活性最好，碳沉积量为 $45g_c/g_{cat}$，他们认为 SiO_2 可以抑制或促进甲烷催化裂解，而具有合适比表面积的 SiO_2 可以与 Fe 相互作用和促进反应。Al-Fatesh 等[26]对 20% $Fe/n\%SiO_2$（n=0, 10, 20, 100）催化甲烷裂解的性能进行研究，结果表明，随着 SiO_2 含量提高，甲烷转化率迅速下降。在温度 800℃和空速 $4L/(g_{cat}\cdot h)$时，$20\%Fe/SiO_2$ 催化甲烷裂解制氢的转化率只有 5%。

炭基催化剂相对于金属基催化剂具有高的稳定性和抗积炭性，不易失活，因此，近几年国内外学者将其作为研究重点。它不仅原材料廉价易得，而且所制炭材料具有比表面积较大、稳定性较好等优点。Muradov[27]研究了元素碳，包括各种活性炭（ACs）、炭黑（CBs）、纳米结构碳（包括碳纳米管、石墨和合成金刚石粉末等）在甲烷催化裂解制氢反应中的活性。结果表明，在 850℃，ACs 和 CBs 的稳定性和活性较好，无序碳的催化活性一般高于有序碳。介孔型炭催化剂具有大的比表面积和可控多孔结构，具有较高的初始催化活性和较高的抗失活能力。Zhang 等[28]利用煤液化残渣 KOH 活化法制备了介孔型活性炭，并对不同炭化条件所制催化剂裂解甲烷制氢性能进行了研究。结果表明，合适的炭化工艺可以改善活性炭孔结构和催化活性，介孔炭较微孔炭表现出更高和更稳定的反应性能。Krzyzynski 等[29]研究表明，将褐煤利用 KOH 活化法制成炭材料，所制炭材料催化裂解甲烷效率较高，活化条件会影响催化剂的表面结构，反应温度和碱碳比例的增加会使催化剂比表面积和孔容增加。王亚杰[30]研究了煤中矿物质含量对所制炭材料结构性质的影响，结果表明，煤中矿物质含量增加，所制炭材料总的比表面积减小，外比表面积增大。谢汶町[31]利用煤焦气化余渣催化裂解甲烷制氢，结果表明，该气化余渣所制炭材料催化甲烷裂解制氢具有高的催化活性与稳定性。罗化峰等[32-36]以低阶煤为碳源，通过热溶预处理、添加矿物质、添加烟头并结合 KOH 活化制备了分级多孔炭材料，结果表明，该工艺不仅可以获得一定数量的热溶油，同时可以提高催化剂裂解甲烷制氢的初始活性和稳定性。目前，澳大利亚公司 HAZER Group 已成功将天然气催化裂解制备出高纯氢气，其中催化剂为铁矿粉。该研究结果为煤层气催化裂解制氢工艺提供了重要的借鉴目标，如果能够将其中的金属催化剂与炭催化剂相结合制备一种复合催化剂，就能有效降低积炭的影响，使其反应的稳定性和活性进一步提高。

目前，催化甲烷裂解制氢反应中常用反应器有固定床、流化床、等离子体和熔融金属反应器 4 种。固定床反应器是催化裂解反应中最常用的。Ibrahim 等[23]在高为 48cm 和直径为 0.94cm 的固定床反应器中研究了铁基催化剂的催化性能，结果表明，60%Fe/Al_2O_3 催化剂氢产率为 77.2%。Rodat 等[37]设计了一个太阳能反应堆，在 1MW 的太阳能炉中，甲烷催化裂解制氢反应能产生氢气和炭黑（CB），并研究了温度（1335～1655℃）和停留时间（37～71ms）对甲烷转化和氢产率的影响。发现在温度 1527℃和流速 900g/h 时，通入质量分数为 50%的 CH_4/Ar，产生的氢气和炭黑分别为 200g/h 和 330g/h。与固定床反应器相比，流化床则更适合大规模的连续反应，因为它可以连续添加催化剂并及时从反应器中提取反应所产生的固体炭。Torres 等[38]在内径 6.5cm 和高 80cm 的流化床反应器中研究了铁基催化剂的性能，使用直径为 1mm 的水平穿孔板将反应器分为两个室，在空速为 3～6L/(g_{cat}·h)条件下，其甲烷转化率可以达到 25%～40%。Allaedini 等[39]在流化床反应器中，研究了 Mo/Ce 催化剂裂解甲烷制氢。结果表明可以生成一定数量的碳纳米管，其多壁型碳纳米管收率为 78%，说明流化床反应器是一种最有工业化前途的甲烷催化裂解反应器。等离子体反应器作为一种新技术，已经被大量应用于甲烷催化裂解制氢研究。Fincke 等[40]研究了等离子体驱动反应器裂解甲烷制氢，结果表明反应产物只有氢气和炭黑，等离子体火炬的热效率在 60%～80%。此外，他们还提出了固体炭生长成核动力学模型，并将该模型与实验结果进行比较，优化了实验方案，即通过增加甲烷在等离子体驱动反应器中的停留时间，可以获得 30%的碳产率。Wang 等[41]采用一种电弧射流等离子体反应器催化甲烷裂解制氢，结果表明，甲烷转化率可以达到 79%。Khalifeh 等[42]研究了在纳秒脉冲等离子体反应器中，利用 Pt-Re/Al_2O_3 催化甲烷裂解制氢，结果表明，当排放功率为 9W 时，甲烷转化率可达 100%。

综上所述，等离子体技术的研究和进展为甲烷催化裂解制氢技术开辟了一个新的领域，但仍存在能源效率等问题需要解决。为了减小积炭对催化剂失活问题的影响，一些学者提出了熔融金属反应器。Upham 等[43]研究了熔融金属合金 Ni/Bi 催化剂催化裂解甲烷制氢，结果表明，该反应器可以有效移除反应产生的积炭。Geißler 等[44]研究了在 1000℃下液态金属锡催化甲烷裂解制氢，结果表明，在反应器壁上没有出现固体炭堵塞问题，液态金属温度和气体停留时间对甲烷催化裂解性能转化率的影响最大。综上所述，虽然熔融金属反应器可以解决积炭对催化剂的影响，但由于反应温度需要高于 1000℃，会造成巨大的能量浪费。因此，开发一种具有较低反应温度的新型熔融催化剂（＜1000℃）将具有更广泛的工业应用前景。

甲烷催化裂解反应中生成的碳材料可分为碳纳米管、碳纳米纤维和纳米洋葱碳等。这些碳材料的结构和形态取决于反应条件，如催化剂、温度、压力等。碳纳米材料的物理和化学性质（比表面积、孔隙体积、孔径、孔隙率和表面化学性质）使其适合于多种应用[45]。这些碳纳米材料的大量使用对于甲烷催化裂解技术的研究有重要的推进作用，下面将重点描述碳纳米管、碳纳米纤维和纳米洋葱碳。碳纳米管因其具有高的机械强度和极高的导电系数以及热导率，使其成为具有良好应用前景的一种新型材料。目前，碳纳米管已被广泛应用于电极、催化剂、电气器件和燃料电池等领域。许多学者研究了利用铁基催化剂裂解甲烷生产碳纳米管。Zhou 等[46]提出了一个碳沉积模型，利用 DFT 和实验观察来解释碳纳米管的形成。首先，甲烷分解为氢气和无定形碳，当沉积的积炭数量超过碳溶解度限制时，铁原子重排形成了 Fe_3C。过饱和的 Fe_3C 将甲烷分解产生的无定形碳沉积为石墨碳，碳在催化剂颗粒表面沉积并以圆柱状网络结晶，最终成长为管状结构。该团队还研究了在 750℃下，铁催化剂催化甲烷裂解的副产物碳纳米材料的形状，观察到竹状结构的碳纳米管。Allaedini 等[47]利用 Ni/Co/Fe 催化剂大规模生产多壁碳纳米管，最终得到了平均直径 20nm 的碳纳米管，热分析结果表明，碳纳米管具有较高的氧化稳定性。Reshetenko 等[48]研究了长寿命含铁催化剂，如 Fe/Al_2O_3 和 $Fe/Co/Al_2O_3$，将其应用于催化甲烷裂解制氢，并通过透射电镜观察了形成的碳纳米管结构，从而给出了碳纳米管的形成原因。

纳米纤维技术是纳米技术的一个分支，其主要目标是制造纳米级纤维材料，因其具有高比表面积、优异的柔韧性和方向强度等特点而应用广泛。Simon 等[49]通过反应温度与 Pd/Al_2O_3 上的碳产物结构类型对碳纳米纤维和纳米管进行了区分。在 700℃下获得了人字形碳纳米纤维，平面倾角为 136°，升高反应温度到 750℃，产生竹状人字形碳纳米纤维，倾角为 114°。在 800℃时，偶尔会得到竹状的碳纳米纤维，平面角度小于 700℃和 750℃的角度。在 850℃时，产生的碳纳米管、碳纳米纤维数量最少，而且碳纳米管的倾角为 0°，碳纳米纤维的倾角为 24°。He 等[50]提出了两种不同种类纳米洋葱碳的生长机制：一种是在气固相中，首先形成镍纳米颗粒，然后由于碳原子在催化粒子表面的吸附而形成石墨层，最后得到一个含有 Ni 粒子的纳米洋葱碳；另一种是气液机制，首先形成镍纳米颗粒，然后石墨层完全被液体镍颗粒覆盖，最后形成非常小的液体镍粒子。Fakeeha 等[51]对 Fe/Al_2O_3 催化剂进行了催化裂解研究，在 700℃下进行催化裂解可以制备纳米洋葱碳。Zhou 等[52]研究了铁矿石催化剂催化甲烷裂解性能，结果表明，除了一些暴露的自由颗粒外，大多数 Fe_3C 被厚石墨层包裹形成纳米洋葱碳，纳米洋葱碳的形貌基本为准球形或多面体。

2.1.2 氢气的储存、运输和应用

氢气的大规模工业使用需要对氢气进行良好的包装、储存和运输，这样才能保证氢气安全到达用户。因此，需要对储氢材料进行研究，以确保氢气的存储安全、可靠且具有成本效益。储氢被认为是一个具有挑战性的课题，使用的材料不能与氢气有强烈的相互作用和反应。

储存氢气最常用的方法是通过压缩将气体压入高压气瓶中，最大运行压力为 20MPa。现在的氢气汽车罐压力为 34～68MPa，压缩氢是一种高效的储氢方

法，而且其能量密度（考虑体积）随着气体压力的增加而呈现出增加的趋势。1880 年首次报道了用于储氢的压力容器，氢气以 12MPa 的压力储存于锻铁容器内。当前，一种较为常见的氢气储存方法就是加压压缩储氢，一般来说都是使用质量较大的钢瓶作为容器。但是因为氢气的密度较低，所以储氢的效率并不高，将压力增加到 15MPa 时，质量存储密度却只在 3%以下。

然而对于移动运输来说，如果通过提高氢气压力来增加其携氢量，则容易促使氢脆的情况出现或者是氢分子在容器壁内逸出。氢原子几乎能与元素周期表中除惰性气体外的所有其他元素发生反应而生成氢化物，且部分金属化合物、合金、过渡金属等因为其特殊的晶格结构导致在特定条件下，氢原子能够进入金属晶格的四面体或八面体间隙中生成金属氢化物。除此之外，因为氢损伤具有不可逆性，所以在使用金属储氢时往往会出现氢沉淀、高温氢腐蚀、氢化物脆性、氢化物析出而导致的弹性畸变、氢致马氏相变等等，这些都大大缩短了储氢金属的使用寿命。

当前，该项技术正朝着研发更便宜、更轻的金属材料，缩小金属氢化物对氢的影响，降低充放氢频率过快对储存系统的损害，有效结合压缩储氢与金属氢化物从而提高氢气存储量与效率方向发展。所以近几年对该种存储方法进行研究，通过不断优化容器材料，让使用的容器耐压性更高，而且自重也更轻，并能够有效地降低氢分子透过容器壁的概率，切实防止氢脆的情况出现。当前主要使用两种方式来降低容器的氢脆：一种是以树脂为内衬，外面包覆锻压铝合金的碳纤维制成储氢容器；另一种是将部分吸氢的物质添加至容器内，从而提升储氢的密度，一旦压力变小，便能将氢气自动释放出来。

在正常压力下，在–253℃气态氢能够被液化成为液态氢，而液态氢的密度是气态氢的 845 倍，且每千克液氢的热量是汽油的 3 倍。这意味着将来若以液氢完全替代汽油，则在行驶相同里程时，液氢储罐的体积要比现有油箱小得多，所以液氢非常适用于储存空间有限的场所，例如汽车发动机、航天飞机的火箭发动机。理想状态下，氢气液化能耗为 3.92kW·h/kg。目前氢气的液化主要是通过液氮冷却和压缩氢气膨胀实现，能耗为 13～15kW·h/kg，几乎是氢气燃烧所产生低热值（产物为水蒸气时的燃烧热值，33.3kW·h/kg）的一半。而氮气的液化能耗仅为 0.207kW·h/kg，因此降低氢气液化能耗至关重要。一个有效的方法就是扩大液氢的制备规模，通过大型设备的使用，可以将氢气的液化能耗降低到 5～8kW·h/kg。调整工艺也是一种有效的方法，比如欧盟的 IDEALHY 项目使用

He-Ne 布雷顿法制备液氢，其能耗仅为 6.4kW·h/kg。另外，发达国家正通过创新氢气液化流程和改进设备工艺来提高氢气液化装置的效率和降低能耗。一些采用高性能换热器、膨胀机和新型混合制冷剂的氢气液化创新流程可实现能耗降低至 4.41kW·h/kg。因为液化温度与室温之间有−73℃以上的温差，加之液态氢的蒸发潜热比天然气小，所以不能忽略从容器表面传导进来的渗入热量引起的液态氢汽化。罐的表面积与半径的 2 次方成正比，而液态氢的体积则与半径的 3 次方成正比，所以由渗入热量引起的大型罐液态氢汽化比例要比小型罐小得多，同样条件下，液氢的容积越大，液态氢的蒸发也越小。因此，液态氢的适用条件是储存时间长、氢气量大、电价低廉。

国际能源署提出的储氢标准为质量存储密度大于 5%、体积存储密度大于 $50kg/m^3$。美国能源部提出的标准为质量存储密度不低于 6.5%、体积存储密度不低于 $62kg/m^3$。综合考虑质量、体积存储密度和温度，除液氢储存外，目前所采用和正在研究的储氢技术尚不能满足上述要求，因此要进一步提高氢气液化的效率。为了大规模制备液氢，需要在设备上加大投入。美洲是全球最大和最成熟的液氢生产和应用地域。美国已有 15 座以上的液氢工厂，液氢产能占全球 80%以上，达到 375t/d，加拿大 80t/d 的液氢产能也为美国所用。美国的液氢工厂全部是 5t/d 以上的中大规模，并以 10～30t/d 占据主流。近年，美国普莱克斯公司、美国空气化工产品有限公司、法国液化空气集团在美国相继新建的液氢工厂规模都在 30t/d 及以上，从而使得 2021 年美国液氢产能突破 320t/d，进一步降低了液氢生产的能耗和成本。欧洲 4 座液氢工厂的液氢产能为 24t/d；亚洲有 16 座液氢工厂，总产能为 38.3t/d，其中日本占了 2/3，中国起步较晚，与国外存在较大的差距。中国液氢工厂有陕西兴平、海南文昌、中国航天科技集团有限公司第六研究院第 101 研究所和西昌卫星发射中心等，主要服务于航天发射，总产能仅有 4t/d，最大的海南文昌液氢工厂产能也仅为 2t/d。目前，中国民用液氢市场基本为空白，根据科技部 2020 年“可再生能源与氢能技术”国家重点研发计划项目申报指南，中国急需研制液化能力≥5t/d 且氢气液化能耗≤13kW·h/kg 的单套装备，指标与国外主流大型氢气液化装置性能基本一致，以期尽快缩短我国产品成本、质量和制造水平与世界发达国家的差距。日本、德国和美国加氢站的建设比较早，也比较多，中国起步较晚，相对较少。2019 年以后，中国加氢站数量呈爆发式增长，按照前瞻产业研究院的统计，2020 年已达到 88 座，中国石化“十四五”期间拟建设 1000 座加氢站。

不同国家的氢燃料加油站与轻型燃料电池电动汽车的比率差异性很大，反映了部署方法、加油站规模、储存压力和利用率的差异。我国每个加氢站的平均氢能源车数量相对较高，说明我国更侧重氢能源车的开发。美国、欧洲各国、日本从液氢的储存到使用，包括加氢站，都有比较规范的标准和法规，液氢发展产业链比较完备。国外将近 1/3 的加氢站为液氢类型的加氢站，而国内碍于缺少相关的技术标准和政策规范，目前仍很少有企业涉足液氢的领域。小规模加氢站的建设易造成资源和土地的浪费，同时给氢气的储运能力带来更大的压力，因此，宜建设大规模（1000kg/d）的加氢站。当建设大规模的加氢站时，它们应该具有储运效率高、运输成本低、单位投资少、氢气纯度高、站内能耗少和兼容性强等优势，故液氢加氢站模式是更合理的选择。一般来说，制氢成本占 30%（其中 19%为原料，固定和变动的运行费占 10%，其他费用占 1%），氢气的输送占 8%，加氢站占 62%（其中设备费占 26%，运行费占 36%）。加氢站的压缩机、注氢机等关键设备依赖进口，所以建设投资很大，目前氢气的出厂价大约为 20 元/kg，对应的输运和加氢站的成本为 5.3 元/kg 和 41.3 元/kg，最终氢气的销售价格为 66.6 元/kg。这个价格也会随着加氢站使用效率的不同而发生很大的变化，当使用效率低于 50%时，氢气的价格会成倍地快速增长。氢能源汽车的普及与氢气价格的降低有着极为重要的关联，然而，没有足够的加氢站，氢能源汽车又难以普及。因此要破解这个矛盾，在氢能产业建设的早期，需要大企业和政府对加氢站的先期投入给予非常重要的支持和帮助。在制氢方面，需要降低成本，从化石原料制氢向清洁能源电解水制氢发展，重点发展 PEM 绿氢制备技术，提高其规模。在储氢方面，需要根据应用的场合不同而选择适合的储氢方式，提高其储氢性能。在交通领域，需要发展质量存储密度大于 5%、体积存储密度大于 40g/L、低成本、易控制吸放氢的储氢体系。在非交通领域，需要发展大规模、低能耗、高安全性的储氢技术。在氢气输运方面，需要重点加强管道输氢和液态输氢技术的开发。在加氢站方面，需要实现压缩机、注氢机等关键设备的国产化，提高加氢站运行效率，降低运行成本，发展站内制氢以及液氢加氢站。

（1）氢气的储存

氢气的储存方式有多种。①压缩的方式相比于液化具有众多优点，比如效率高、成本低以及环境污染低等等；②液化储氢方式虽然成本相比于压缩成本要高得多，但其能量密度却很高，所以它被应用在航空以及军事领域；③金属氢化物方式的缺点在于成本较高、质量大，但其优点则是储氢密度是当前所有方式中最大的，高达 100kg/m^3；④碳质吸附方式是氢气储存领域最新的技术，虽然其仍处在初期研究时期，但碳质吸附方式具有储氢机理、条件简单以及含量高等诸多优点，使其成为了氢气储存行业中的一个重点研究及发展方向。

液化储氢需要使用超低温的特殊容器，如若所使用的容器绝热和装料达不到相应要求，则容易致使大量蒸发而损失液氢，所以当前的研究重点是开发高度绝热的储氢容器。实践表明，空心玻璃微球具有这一特点，即高温状态（300～400℃）呈现出多孔性而常温状态表现出非渗透性。因此，空心玻璃微球的这一特点可以满足当前技术水平下的储氢需求。首先，空心玻璃微球被放到 10～200MPa 的高压状态下，然后利用加热设备将氢气加热到 200～300℃，从而导致氢气被压进空心玻璃微球。最后当压力和温度降低时，氢气的扩散性便降低，从而导致空心玻璃微球完成了氢气的储存。通过相关实验的研究可知，空心玻璃微球在一定条件下（比如 62MPa 或 370℃等情况），微球之中储氢的含量可达95%左右。当需要使用氢气的时候，只需加热微球即可释放出氢气。相较于其他储氢方法，空心玻璃微球具有使用成本低、稳定性强、储氢能力高等优点，使其成为当前氢气储存行业的一个重点研究方向。

氢气储存另一个重点发展方向在于实现更高的安全性，为此当前在存储介质材料、安全标准等方面都有很多研究。多孔材料物理吸附储氢是利用材料的多孔性，使得氢气分子能够自由进入材料内部的孔隙中，依靠材料与氢气分子之间的弱相互作用来存储氢气的方法。由于氢气与材料之间的相互作用力非常弱，在常温常压下，氢气的存储量会比较低。但是在物理吸附中，气体是以分子方式存储的，气体的加载与释放速度快，是一种可逆的存储方式。优秀的动力学性能使得这种存储方式被认为是一种理想的储氢方式，成为近几年的研究热点。下面将介绍多孔材料（金属有机骨架材料、共价有机骨架材料和二维多孔碳材料）及其氢气存储的现状。

金属有机骨架材料（MOF）是一种金属配位的聚合物，一般是由金属离子基团或者金属氧化物团簇作为连接节点，刚性的多齿有机分子作为配体连接单元，相互连接形成的具有一维、二维或者三维结构的多孔材料，是一种应用广泛的功能性材料。可用于气体的存储与分离、催化化学和生物传感器等，它具有多孔性以及比表面积大等特点，非常有利于氢气的存储。它是目前氢气存储领域中发展最为迅速的一类多孔材料。2003 年 MOF 材料被应用于氢气的存储，结果表明，在温度为−195℃和压强为 73.5Pa 的条件下，IRMOF-1 能够获得 4.5%的储氢质量密度；在温度为 25℃和压强为 2100Pa 的条件下，储氢的质量密度可达到 1%。尽管进一步的研究结果表明，该结果是偏大的，却依然促进了 MOF 材料的新发展，尤其是在氢气的存储领域得到了重视。这开启了 MOF 材料存储氢气的新篇章，激励着越来越多的储氢研究工作者对 MOF 材料的合成以及储氢性能的深入研究。新的结果表明，在−196℃条件下，压强为 1atm，IRMOF-1 中的氢气储存量达到了 1.32%。而在高压下的饱和储氢量超过了 5%，甚至在有些实验结果中测得了 7.1%的储氢量。同样是在低温条件下，MOF-177 中的饱和储氢量达到 7.5%，而在 MOF-210 中更是达到了 7.9%的超高储氢量。这些数据都证明 MOF 材料是一种具有良好低温储氢性能的材料。然而，随着温度的升高，MOF 材料的氢气存储能力则急速下降，主要是由于室温下材料的孔隙难以完全被氢气填满，这是 MOF 材料在氢气存储领域的主要缺点。因此，提高 MOF 材料在室温下的氢气存储性能迫在眉睫，这就必须针对影响 MOF 材料吸附氢气性能的主要因素（表面积、孔隙率、结合能、温度和压强）展开研究，这些因素也是影响其储氢性能的关键点。

物理吸附的本质是依靠主体材料与气体之间的弱相互作用，使得其能够吸附在材料内。氢气能够在 MOF 材料中实现物理吸附，其主要依靠 MOF 材料内表面的原子与氢气产生的弱作用力。这种弱作用力很大程度上依赖于内表面的原子数目，也就是对氢气有吸附作用的表面面积。针对 10 种 IRMOF 材料储氢性能的研究结果表明，在低压下（10.5Pa），材料的吸附性能和表面积之间没有关系。在中等压力条件下（3150Pa），材料的吸附性能和表面积之间成正比关系。因此，表面积越大，越有利于多孔材料的物理储氢。一般来说，材料的内部孔隙越大，就能够有更多的空间来储存氢气分子。在一定程度上，空间的大小决定着材料的饱和吸附性能，然而，当吸附的氢气覆盖了整个材料表面之后，大孔径材料中将会有很大的空间空余。在低压下或者高温条件下，这些空余的空间将不能得到完全的利用，严重影响材料的储氢性能。从这方面来说，大孔径的材料对氢气在高温下或者低压下的存储是不利的。由于氢气与不同原子之间的相互作用力不同，导致氢气在不同材料中的吸附性能也存在着差异。作用力越强，主体材料束缚氢气的能力越强，特别是在低吸附量的情况下，就显得更加明显。通过弹性中子散射实验和 X 射线粉末衍射实验发现，氢分子的初始吸附位置在金属附近。而理论研究也证实金属位置附近是氢分子与材料二者之间结合能最大的位置，这说明结合能越大，越有利于氢气的存储。温度和压强也是影响氢气存储的重要因素，在低温下，氢气分子的热运动相对较弱，材料与氢气之间的弱相互作用力能够最大限度地束缚住氢气分子。当温度升高时，分子热运动加剧，材料对氢气的束缚力就会减弱，氢气的存储性能就会急剧下降。而压强大则会缩短分子之间的间距，使得主体材料与氢气之间的作用距离减小，增加了主体材料对氢气的束缚作用。因此，在低温和高压下，氢气的存储性能好，而在高温和低压下，氢气的存储性能就会变差。总的来说，表面积、孔隙体积、结合能等都能影响氢气的吸附性能，表面积越大，越有利于多孔材料物理储氢。大孔径材料对氢气在高温下或者低压下的存储是不利的，结合能越大就越有利于氢气的吸附，孔径的大小决定着材料饱和吸附的性能。在室温下，由于氢气的热运动比低温时大，材料对氢气的束缚力变小，导致氢气存储性能也大大下降。

综上所述，MOF 材料在储氢方面存在的不足是氢气在室温的存储性能较差。因此，为了提升 MOF 材料在室温的储氢性能，同时为了实现 U.S.DOE 制定的 2017 年实用目标，一般考虑通过减小 MOF 材料的孔隙直径、增加表面积、增大氢气吸附结合能等方法来提升其室温储氢性能。共价有机骨架材料（COF）和 MOF 材料一样都是多孔材料，COF 不同于 MOF 的地方是 COF 中没有包含金属节点，它完全由非金属的有机单元相互连接而组合形成网状结构，不同的有机单元之间依靠共价键结合在一起。氢气在 COF 材料中的存储研究开始于 2007 年，Garberoglio 用巨正则蒙特卡洛模拟方法研究了 COF 材料对小分子气体的存储性能。结果发现低温下三维 COF（3D-COF）材料的氢气存储量可达 10.5%，从理论上证明了 COF 也是一类具有良好低温氢气存储性能的材料。之后一些科学家的研究发现，在–196℃条件下，COF-108 中氢气的质量存储密度超过了 10%，说明低温下 COF 材料的存储量是比较大的。在 COF-102 中氢气的质量存储密度达到了 72.4mg/g（约 6.75%），体积存储密度也有 32g/L，这几乎能和低温下高性能氢气存储材料 MOF-177 的存储量相媲美。这也从实验上证实了 COF 材料是一类在低温下具有良好氢气存储性能的多孔材料。按照前期的研究结果，更大孔径的 COF-105 和 COF-108 具有比 COF-102 更好的质量存储密度，但是具有更低的体积存储密度。然而，在室温下 COF 材料的氢气存储性能也会急速地下降，研究发现，在室温下三维 COF 仅有 0.9%的氢气质量存储密度。综上所述，COF 材料在氢气存储方面也存在明显的缺点，在室温下氢气的存储性能比较低，大孔径结构中的体积存储性能相对更差。这就导致了 COF 材料在室温的氢气存储性能低，不能满足实际的使用需求。

目前石墨烯及多孔石墨烯在氢能方面的研究也逐渐展开。科学家研究发现石墨烯纳米片在–196℃和一个大气压下可存储的氢气量为 1.7%，巨正则蒙特卡洛模拟发现，在室温下单原子层的石墨烯高压储氢性能为 0.8%，这和实验上得到的结论是吻合的。理论研究还发现，金属掺杂的石墨烯结构具有较高的氢气存储性能，因此在多孔石墨烯的六元碳环上掺杂锂原子即可实现对氢气的高吸附能力。锂原子周围第一个氢气分子的结合能是 0.265eV，第二、第三个氢气分子的结合能分别为 0.270eV 和 0.256eV，如此大的结合能将氢气分子束缚在材料周围，即使在室温条件下，材料对氢气的存储性能也很大。经过理论计算，3 个分子吸附在一个锂原子周围的情况下，材料对氢气的存储量达到了 7.0%。然而，其他的研究发现，金属原子在纯的二维碳材料表面的结合能要比金属本身的内聚能小，这就会导致掺杂的金属原子在材料表面容易发生团聚，进而严重影响材料对氢气的储存性能。因此，增加金属与材料的结合能是金属掺杂方法中必须改进的地方，也是提高二维材料对氢气存储性能的有效途径。理论研究发现，石墨一炔材料具有良好的金属吸附性能，特别是碳碳三键（炔基）对金属的吸附作用力非常强。金属掺杂方法能够提高材料对氢气的存储能力，采用这种方法可以使得石墨一炔和石墨二炔的氢气存储量达到一个非常理想的数值。理论研究还发现，金属掺杂的石墨一炔储氢量约为 6.5%。然而，材料表面金属覆盖率较高的时候，金属与材料之间的相互作用会减弱，这会影响材料对金属的吸附，进一步影响材料对氢气的存储性能。因此，需要进一步研究如何增加金属与石墨炔之间的相互作用来提高金属的吸附，从而达到改善氢气存储性能的目的。但是总的来说，作为氢能利用的一项关键技术，氢气储存的成本、效率以及含量等都直接决定了氢能是否能够得到更好的利用。虽然从实际情况来看，现阶段氢气的存储在技术、材料等方面距离实现氢能的实用化还有很长的道路要走，但是在科学技术不断发展和进步的背景下，氢气储存领域也一定会取得很大的进步。

（2）氢气的运输

在陆地进行大量氢气输送时，铺设大规模、长距离而且低压的氢气管道是一种有效的方法，而且该技术还具有低成本和较高的发展潜力。由于氢气在低压状态（工作压力 1～4MPa）下运输，因此相比高压钢瓶输氢，其能耗更低，但管道建设的初始投资却较大。有机液体以及氨气输运氢气也是正在研究和开发的一种氢气储运方法，尤其是在长距离、大规模的氢气输送方面具有一定优势。但是气体杂质的含量高，导致需要高纯氢气时，还需要对气体进一步纯化。固态合金输氢不仅具有纯度高的优点，而且其安全性也好，但是输运的能耗和成本却高，仅仅适合于人口密集区域以及短距离的氢气输运。长管拖车输运氢气的成本随距离增加而显著提高，仅仅适用于300km以内的输氢。当距离超过300km时，液氢和管道输氢则更合适，输氢量越大，这种优势则越明显。目前我国的氢气输运几乎都是依赖于长管拖车，因此已经满足不了大规模氢气的使用和氢能源产业的发展，管道输氢和液态输氢技术还有待进一步提高。

欧洲和美洲是世界上最早发展氢气管网的地区，已经有70年的历史，在管道输氢方面已经具有很大的规模。如美国Praxair公司的分公司林德管道公司在得克萨斯州蒙特贝尔维尤至阿瑟港和奥兰治之间铺设了113km的氢气输送管道，耗资约3000万美元。林德管道公司每天能够输送$283\times10^4m^3$以上的氢气，氢气纯度为99.99%。管道埋设深度最浅的地方不小于1.22m，管道设计强度和水压试验强度分别为管道最大运行压力的2.5倍和1.9倍。美国加州托兰斯（Torrance）的加氢站也在同区域内铺设了氢气管道，直接给用户供氢。法国Air Liquid公司在法国、比利时、荷兰的国界附近铺设了830km的氢气管道。德国在北莱茵-威斯特法伦州铺设了240km的氢气管道，压力为5MPa，给用户供氢，这些氢气管道主要为工业所用，也有直接与加氢站相连的氢气管道。德国Frankfurt加氢站与氯碱电解工厂的副产品氢气源相邻，两者之间铺设了1.7km的氢气管道，氢气压力为90MPa，可以免去压缩机而直接供氢。

中国氢能联盟2019年发布的《中国氢能源及燃料电池产业白皮书》指出，美国有2500km的输氢管道，欧洲已有1569km的输氢管道，我国则仅有100km输氢管道。我国氢气的管网发展严重不足，输氢管道主要分布在环渤海湾、长江三角洲等地。目前已知最长的输氢管道为巴陵-长岭输氢管道，全长约42km、压力为4MPa，其次是济源-洛阳输氢管道（25km），氢气管网布局还有较大的提升空间。随着氢能产业的快速发展，日益增加的氢气需求量势必推动我国氢气管网的建设，国内氢气管网的建设也正在提速。根据《中国氢能产业基础设施发展蓝皮书（2016）》所制定的氢能产业基础设施发展路线，到2030年，我国氢气燃料电池汽车将达200万辆，同时将建成3000km以上的氢气长输管道，该目标将有效地推进我国氢气管道建设。利用现有成熟的天然气管网、CNG和LNG加气站等基础设施，可新建或在现有站址基础上改建和扩建制氢、加氢一体化气站。通过在站内实现制氢和加氢，减少氢气的运输环节，降低氢气的储运成本。该技术的实施可以大幅降低氢气的价格，有效地减少氢燃料汽车的使用成本，使其与汽柴油车的用车成本相当，而且还具有更环保的优点，这将必然符合未来能源的发展趋势。

（3）氢气的应用

氢气的应用不仅可以解决目前对能源的大量需求，也可以减少温室气体的排放，从而达到保护环境的目的。目前国内外对氢气的利用主要是在工业领域，利用氢气和其他材料来生产各种产品，主要产物有合成氨、甲醇、合成天然气和燃料电池等。其中燃料电池因为可以替代内燃机而得到广泛研究，其主要以氢气和氧气为原料，所以它的产物只有水。燃料电池与内燃机的最大区别就是能量转化方式不同，燃料电池是将化学能转化为电能，而内燃机是将热能转化为动能。以氢为燃料时它的能量效率可以达到 60%左右，远高于内燃机，因此发展和使用燃料电池可以提高能源利用的效率。使用燃料电池还可以减少 CO_2 的排放，氢能汽车中使用的氢气如果由天然气生产，CO_2 排放量相对于传统耗油汽车可以减少一半。如果氢气是由风能等可再生能源生产的，CO_2 排放量则基本可以降为零[53]。目前燃料电池使用的电解质有很多种，因此它的工作温度范围很广，一般将其分为高温和低温燃料电池两种[54]。高温燃料电池反应的本质就是水蒸气的重整过程，这也使得它不需要额外增加燃料处理装置，也可以使用氢以外的燃料，这些优点使它的效率得到了提高。但是能够长时间在高温下工作的材料很少，很难大规模使用，因此高温燃料电池主要用于发电厂。低温燃料电池则不存在这个问题，因此应用范围较广，现在汽车使用较多的低温燃料电池主要是质子交换膜燃料电池。由于技术限制，目前设计的燃料电池单个输出电压不足以为汽车提供动力，所以现在都是使用多个电池组成燃料电池堆使用，它们的功率大小取决于电池的数量、大小和交换膜的表面积。

2.2 废弃烟头和生物质的利用现状

2.2.1 废弃烟头的利用现状

废弃烟头又称烟蒂，它是卷烟燃烧后的产物，主要包括滤嘴和残留的烟丝。对烟头的综合利用主要是利用滤嘴部分，它的主要成分为醋酸纤维。每年全球丢弃烟头超过 60000 亿根，废弃烟头中含有焦油等有毒物质，而且难以生物降解，严重污染环境。国内外学者为了减少废弃烟头对环境的污染，对其深层利用进行了研究，目前对利用废弃烟头制备沥青混凝土、吸音材料、吸附材料和电化学储能材料的研究较多。Rahman 等[55]研究显示，将 0.3%的废弃烟头加入沥青中制作出的沥青混凝土体积密度小、孔隙多，用作路基材料能够有效缓解城市的热岛效应。Escobar 等[56,57]研究表明，废弃烟头对高频声波吸收能力较强，吸收能力与材料的孔隙呈正比，与厚度呈反比，在同等厚度条件下，废弃烟头的吸收能力强于玻璃纤维等材料，因此可以将其作为吸音材料使用。Sun 等[58]将废弃烟头利用 KOH 活化法制备出炭材料，所制炭材料在 80℃时能够吸附自身质量 262%的碘蒸气。Li 等[59]研究表明，将废弃烟头利用 K_2CO_3 活化法制备出炭材料，所制炭材料的表面积是废弃烟头直接热解制备的 4 倍，将其用于超级电容器，比电容为 125.5F/g。目前，将废弃烟头直接炭化并应用于煤层气裂解制氢的研究尚未见报道，因此这是实现废弃烟头的高附加值利用的研究新方向。

2.2.2 生物质基炭材料的形成规律与利用现状

生物质焦炭是一种成本较低的炭基材料，一般通过木材、废弃农作物残渣等原料在无氧或缺氧条件下热解所产生。通过生物质热解生成的焦炭包含 4～6 个相互平行的石墨和氧化物的薄片[60,61]。芳烃中所含的无序芳香片能够产生不完全饱和的化合价态和未配对电子，这些未配对电子能够为化学吸附提供一定数量的活性位点，特别是对极性或极化分子。而芳香片所含有序碳基底则具有高浓度的离域π电子，构成 Lewis 型的碱结构[62]。一般认为该结构可以通过物理、化学法吸附大量的 Lewis 酸成分[63]。除此之外，生物质所制焦炭表面所含氧、氮官能团和矿物质，也可作为活性吸附的位点，通过酸-碱作用与吸附物形成一定数量的氢键。

通过生物质的热解制备焦炭已经有许多种方法。在低温范围（200～300℃）的热解属于干燥，也被称作温和型热解，主要用于改善生物质的特性[64,65]。残焦内仍保留一定数量的挥发物，因此残焦的性质处于生物质和焦炭之间。当生物质被加热到 300～800℃时，工艺参数（最高温度、加热速率和停留时间）会影响最终热解产物，按照加热的速率可以分为缓慢、快速和闪热解三种。生物质所制高产率焦炭可以通过缓慢热解和闪热解得到，而焦油则是快速热解的主要产物。通过气化反应来制备焦炭，其产品的质量则与最高反应温度和气化剂的数量有关。通过上述过程，生物质主要是被部分氧化，大量有机物质被转化为合成气和少量生物质焦炭。在 180～400℃下，生物质与水的混合物可以在高压下水解，也被称为水热炭化。在此阶段生物质中的大部分有机物质被转化为固体和液体，也会伴生少量的气体。

（1）生物质的炭化

生物质制备炭材料最重要的两个步骤是炭化和活化，炭化可以生成碳含量高的生物质焦炭，而对生物质所制焦炭的活化，则主要是通过部分气化增加炭材料的内部比表面积。一般采用的气化介质有水蒸气、二氧化碳和空气。生物质所制焦炭在高于 700℃的条件下，通过气化剂渗透到焦炭内部，使焦炭中的碳原子气化，从而导致其内部所含孔隙结构得以进一步开放和扩大[66]。通过活化所制的生物质焦炭不仅具有高的比表面积，而且还含有丰富的含氧官能团。与其他活化气体相比，水蒸气和二氧化碳是活化过程中使用最多的两种气体，其中水分子因其尺寸较小，有利于焦炭活化反应的进行。水蒸气与碳二者之间的反应是一个吸热过程，更容易控制，更适合气化表面活性较高的碳元素，因此，通常利用过热水蒸气（800～900℃）活化 0.5～3h[67-69]。碳和水蒸气之间的整体反应，包括化学吸附、碳气化、水的转移和 $H_2O/CO_2/H_2$ 的气化。该反应过程将水分子中的氧交换到碳表面，以形成表面氧化物［C(O)］，通过清除表面氧化物，产生 CO_2 来增加气化率。该反应之后是水煤气变换反应，其中水蒸气分解成二氧化碳和氢气。另外，H_2 可抑制碳气化，产生的氢气与碳表面反应，阻断和钝化活性位点，产生表面含氢复合物[64]。吸附在碳表面的氢气需要高达 1500℃才能完全被解吸。生物质焦炭水蒸气活化的孔隙形成与水煤气变换反应和碳的消耗密切相关[70]。在热解期间生物质焦炭不完全燃烧，水蒸气活化还可以脱除焦炭表面的部分结构成分（例如某些酸、醛、酮或其他特定成分）来改善生物质焦炭的多孔结构。因此，水蒸气的气化可以同时促进焦炭表面的微孔、中孔的形成，并产生范围更广的孔径分布。

活化温度（T）、水蒸气与焦炭质量比（S/C）和活化时间（t）三个参数对水蒸气活化生物质焦炭反应起着关键作用。生物质焦炭表面碳原子的脱除，孔体积/半径和比表面积随着水蒸气温度的升高和处理时间的延长而增大。随着温度的升高，其增大趋势更加明显。在高温下，水蒸气的活化补偿了低温热解对生物质焦炭孔隙率及其比表面积的负面影响[71]。在一些低温情况下，还观察到焦炭的比表面积有减小的趋势。在 700～800℃温度下，生物质焦炭与水蒸气的反应活性最高，这可能是生物质焦炭中的碱金属以及碱土金属（AAEM）元素发生积聚，导致生物质焦炭的反应活性提高。在 800℃观察到 AAEM 元素含量最高，生物质焦炭结构发展最佳。在水蒸气活化下，温度高于 800～850℃时，小的芳香环形结构逐渐消耗，生物质焦炭变得更有序，致使其反应活性较低的结构增多。此外，AAEM 元素在反应前期可以改善生物质焦炭表面的含氧基团分布，随着转化率的升高，最终导致反应活性的降低。较高的水蒸气温度（高达 800℃）能够改善生物质焦炭的物理化学结构，但较长的活化时间（＞45min）仍会对这些活性结构产生负面的影响。通过水蒸气活化后，焦炭表面的酚基和羧基增加，这将提升生物质焦炭的亲水性能，同时导致焦炭的 pH 值降低。然而高温水蒸气的活化将导致三类表面官能团（酚醛、羧酸和内酯）的严重损失[72,73]。一般来说，与原始生物质焦炭相比，水蒸气活化后的焦炭中则含有更少的碳、氢和氧元素。在较低温度下随着活化时间的延长，表面含氧官能团增加，而在较高温度下则观察到相反的变化趋势，这主要是由于官能团的降解和新生官能团的有限更替。

（2）生物质的活化

生物质焦炭的活化也可以在 CO_2 气氛中进行。二氧化碳在生物质焦炭的形成过程中，通过在均相和异相中的两级反应促进生物质的热转化。挥发性有机化合物与 CO_2 之间的均相反应，主要减少焦油的产量，并促进合成气的生成。生物质与 CO_2 之间的异相反应，主要影响焦炭表面的化学官能团结构。在 CO_2 气氛下，生物质热解的焦炭含有较低 H/C 比，说明焦炭内碳化度更高。较高的 O/C 比，则说明其亲水性更好[74]。通过二氧化碳活化的生物质焦炭，具有更多的 AAEM 元素，尤其是在高温（700℃）条件下。因此，CO_2 的气化过程可用于控制生物质焦炭的吸附特性。在 CO_2 的气化过程中，CO_2 在碳表面主要发生解离、化学吸附并形成表面氧化物和一氧化碳，表面氧化物 C(O)随后从表面解吸，形成孔结构，气态产物中的 CO 还可吸附在焦炭活性位并继续气化。与水蒸气的活化类似，二氧化碳浓度增加可产生较高的浓度梯度，提高氧化剂进入焦炭孔隙结构内的速率，从而有效地提高气化产率。

一般而言，H_2O 和 CO_2 活化的相似之处为：①由 Boudouard 反应产生的 CO

能保留在碳表面附近，从而维持进一步反应；②CO 的增加促进焦炭表面形成更多的含氧官能团。然而，通过 H_2O 活化比 CO_2 活化更易在生物质焦炭表面形成含氧官能团。因此 H_2O 比 CO_2 的活性更高，这可以归结为水蒸气尺寸要小于二氧化碳，导致水蒸气更易扩散到焦炭微孔中，从而加快反应速率。与 CO_2 活化相比，由于水蒸气活化后焦炭表面可产生更多的含氧基团，从而形成更多酸性中心，其可以与带负电荷的聚合芳香型环结构结合加速裂解反应。CO_2 活化生物质焦炭，尤其在较高温度下，与水蒸气活化焦炭相比，其吸附有机化合物的能力相对较差[75,76]。尽管二氧化碳活化不如水蒸气活化，但二氧化碳在 700～900℃温度范围内在生物质焦炭比表面积和孔隙结构的改善等方面仍发挥着重要作用。水蒸气活化生物质焦炭主要产生大量的微孔和中孔，而二氧化碳活化则主要促进焦炭微孔的形成。一般而言，具有较宽孔径分布的焦炭被用于大分子组分的脱除，而对于小分子成分的吸附则主要依靠微孔分布的焦炭。Kołtowski 等[77]研究表明，使用 CO_2 和 H_2O 活化的生物质焦炭，尽管水蒸气活化导致焦炭的比表面积较大，但对于 PAHs 成分最有效的吸附剂却是在 CO_2 活化下得到的。与其他气体活化类似，生物质焦炭的自身理化特性对二氧化碳活化效果也起关键作用，含有较高 C 量（较低 H/C）的生物质焦炭一般具有好的 CO_2 活化效果。在较高温度下，CO_2 活化时间延长，可以促进具有较低 H/C 比的生物质焦炭的比表面积、微孔和中孔体积的增加。Chen 和 Yang[78]采用分子轨道法揭示了石墨中 H_2O 和 CO_2 边缘或近边缘碳的转化机制，所使用气化介质使得表面碳元素氧化形成 C(═O)结构，之后发生开环断键，CO 析出，从而开启新的石墨片层转化。

目前，生物质（诸如木质素、纤维素、甲壳素、壳聚糖、蔗糖、淀粉以及其他工业和农业的废料）因其含碳丰富、来源广泛和价廉易得，已被通过各种方法制备成比表面积大、孔结构发达且具有丰富表面官能团的炭材料，并将其应用于催化、吸附、土壤修复和能量存储等领域，取得了显著效果。已开发的合成方法有化学活化、水热炭化、熔融盐炭化、牺牲模板、杂原子掺杂等，利用上述方法可以制备出物理结构（如形貌、比表面积、孔径分布和孔容）和化学性质（如浸润性、官能化和导电性）可控的炭材料。它们既可作为催化剂，也可作为一种理想的催化剂载体，从而应用于有机催化转化和能源转化。Ren 等[79]利用玉米秸秆制备出生物质炭，结果表明，该催化剂可以有效地提高合成气和生物油产量。王洪超[80]的研究表明，以棕榈壳、核桃壳、麦秸和松木为原料经直接炭化和活化制备出生物质炭，并在该材料内引入一定数量的活性组分后，可以有效地提高生物质催化热解制备芳烃的转化率。易春雄[81]利用木屑制备热解型半焦，并将其应用于木屑的催化热解，结果表明，该过程不仅可以获得高品质热解气，也可减少热解过程中所夹带焦油的量。Hara 等[82]先将生物质原料进行炭化，再通过磺化引入磺酸基团制成一种新型酸催化剂，即炭基型固体酸，研究表明，该类型炭材料表面具有丰富的酸活性位点，从而使其具有较高的催化性能。Rana 等[83]的研究表明，将稻壳、辣木子和海藻通过硫酸炭化-磺化法制备出炭基型固体酸催化剂材料，这种催化剂用于酯化反应中能有效提高生物柴油的产率。Zhang 等[84]以甘蔗渣为碳源，经过稀酸水热处理后，用于废食用油中游离脂肪酸的酯化反应，结果发现，游离脂肪酸转化率达到 94.4%，其催化性能明显提升。Hou 等[85]研究表明，以高粱秆为原料，KOH 为活化剂，在高温下制备出生物质基多孔炭材料，其对废水中亚甲基蓝和 Pb^{2+}的吸附表现出良好性质。Huang 等[86]利用大蒜皮作为碳源，通过调节 KOH 的用量来调整活性炭的孔道结构，结果表明，当 KOH 用量是大蒜皮的两倍时，所得活性炭有最大的微孔率，且对 CO_2 有很好的捕获性能。Hong 等[87]采用板栗壳为原料，以无腐蚀的 K_2SO_4 代替 KOH 为活化剂，制备了一种高比表面积和比电容的活性炭。因此，设想如果能够将生物质添加到低阶煤碳源中，通过氢氧化钾（KOH）化学活化法直接制成煤/生物基复合分级多孔炭材料，并将其应用于煤层气裂解制氢，不仅可以为煤层气裂解制氢找到一种低值、高效的催化剂，也可以实现生物质的高附加值利用。

参考文献

[1] 李增学, 魏久传, 余继峰, 等. 煤地质学[M]. 北京: 地质出版社, 2009.

[2] 刘大锰, 刘正帅, 蔡益栋. 煤层气成藏机理及形成地质条件研究进展[J]. 煤炭科学技术, 2020, 48(10): 1-16.

[3] 武强. 浅谈煤层气综合利用技术[J]. 科学与财富, 2015, 7(12): 79-81.

[4] Sun Y, Shen C, Lai Q, et al. Tailoring magnesium based materials for hydrogen storage through synthesis: current state of the art[J]. Energy Storage Materials, 2018, 10: 168-198.

[5] Midilli A, Ay M, Dincer I, et al. On hydrogen and hydrogen energy strategies: Ⅰ: current status and needs[J]. Renewable and Sustainable Energy Reviews, 2005, 9(3): 255-271.

[6] 陈子瞻, 赵汀, 刘超, 等. 煤炭制氢产业现状及我国新能源发展路径选择研究[J]. 中国矿业, 2017, 26(7): 35-40.
[7] 洪皓. 煤炭制氢经济适用性分析[J]. 能源与节能, 2020, (12): 82-85.
[8] Hu C, Zhang L, Gong J. Recent progress made in the mechanism comprehension and design of electrocatalysts for alkaline water splitting[J]. Energy & Environmental Science, 2019, 12(9): 2620-2645.
[9] Ashcroft A T, Cheetham A K, Green M L H, et al. Partial oxidation of methane to synthesis gas using carbon dioxide[J]. Nature, 1991, 352(6332): 225-226.
[10] Bharadwaj S S, Schmidt L D. Catalytic partial oxidation of natural gas to syngas[J]. Fuel Processing Technology, 1995, 42(2): 109-127.
[11] Choudhary V R, Mondal K C, Choudhary T V. Partial oxidation of methane to syngas with or without simultaneous steam or CO_2 reforming over a high-temperature stable-NiCoMgCeO_x supported on zirconia-hafnia catalyst[J]. Applied Catalysis A: General, 2006, 306: 45-50.
[12] 吴海铭, 吴红军, 苑丹丹, 等. 天然气转化制备合成气研究进展[J]. 能源化工, 2014, 35(3): 9-13.
[13] Sano N, Wang H, Chhowalla M, et al. Synthesis of carbon 'onions' in water[J]. Nature Nanotechnology, 2001, 414: 506-507.
[14] Ebbesen T, Ajayan P. Large-scale synthesis of carbon nanotubes[J]. Nature, 1992, 358 (6383): 220-223.
[15] Sawanta Y, Somania R, Panda A, et al. Formation and characterization of onions shaped carbon soot from plastic wastes[J]. Materials Letters, 2013, (94): 132-135.
[16] Bayat N, Rezaei M, Meshkani F. CO_x-free hydrogen and carbon nanofibers production by methane decomposition over nickel-alumina catalysts[J]. Korean J Chem Eng, 2015, 33: 490-499.
[17] Li J M, Dong L, Xiong L P, et al. High-loaded Ni-Cu-SiO_2 catalysts for methane decomposition to prepare hydrogen and carbon filaments[J]. International Journal of Hydrogen Energy, 2016, 41(28): 12038-12048.
[18] Rastegarpanah A, Meshkani F, Rezaei M. Thermocatalytic decomposition of methane over mesoporous nanocrystalline promoted Ni/MgO · Al_2O_3 catalysts[J]. Int J Hydrogen Energy, 2017, 42: 16476-16488.
[19] Bayat N, Rezaei M, Meshkani F. Hydrogen and carbon nanofibers synthesis by methane decomposition over Ni-Pd/Al_2O_3 catalyst[J]. International Journal of Hydrogen Energy, 2016, 41(12): 5494-5503.
[20] Awadallah A E, Aboul-Enein A A, Aboul-Gheit A K. Various nickel doping in commercial Ni-Mo/Al_2O_3 as catalysts for natural gas decomposition to CO_x-free hydrogen production[J]. Renewable Energy, 2013, 57: 671-678.
[21] Takenaka S, Shigeta Y, Tanabe E, et al. Methane decomposition into hydrogen and carbon nanofibers over supported Pd/Ni catalysts[J]. J Catal, 2003, 220: 468-477.

[22] Avdeeva L B, Reshetenko T V, Ismagilov Z R, et al. Iron-containing catalysts of methane decomposition: accumulation of filamentous carbon[J]. Appl Catal A: Gen, 2002, 228: 53-63.
[23] Ibrahim A A, Fakeeha A H, Al-Fatesh A S, et al. Methane decomposition over iron catalyst for hydrogen production[J]. Int J Hydrogen Energy, 2015, 40: 7593-7600.
[24] Zhou L, Enakonda L R, Saih Y, et al. Catalytic methane decomposition over Fe-Al_2O_3[J]. Chem Sus Chem, 2016, 9: 1243-1248.
[25] Ermakova M A, Ermakov D Y. Ni-SiO_2 and Fe-SiO_2 catalysts for production of hydrogen and filamentous carbon via methane decomposition[J]. Catal Today, 2002, 77: 225-235.
[26] Al-Fatesh A S, Ibrahim A A, Alsharekh A A M, et al. Iron catalyst for decomposition of methane: influence of Al/Si ratio support[J]. Egypt J Petrol, 2018, 27: 1221-1225.
[27] Muradov N. Catalysis of methane decomposition over elemental carbon[J]. Catal Commun, 2001, 2: 89-94.
[28] Zhang J, Jin L, Zhu S, et al. Preparation of mesoporous activated carbons from coal liquefaction residue for methane decomposition[J]. Journal of Natural Gas Chemistry, 2012, 6: 154-161.
[29] Krzyzynski S, Kizlowski M. Activated carbons as catalysts for hydrogen production via methane decomposition[J]. International Journal of Hydrogen Energy, 2008, 33(21): 6172-6177.
[30] 王亚杰. 煤基活性炭制备、改性及催化甲烷裂解研究[D]. 大连: 大连理工大学, 2020.
[31] 谢汶町. 煤焦选择性气化余渣的催化甲烷裂解性能[D]. 西安: 西北大学, 2019.
[32] Luo H F, Qiao Y D, Ning Z X, et al. Effect of thermal extraction on coal-based activated carbon for methane decomposition to hydrogen[J]. ACS Omega, 2020, 5: 2465-2472.
[33] 罗化峰, 李通达, 乔元栋, 等. $Mg(NO_3)_2$对煤基活性炭及其催化甲烷裂解制氢的影响[J]. 现代化工, 2021, 41(7): 174-178.
[34] 罗化峰, 李通达, 乔元栋, 等. $Ca(OH)_2$对煤基活性炭及其催化甲烷裂解制氢的影响[J]. 现代化工, 2021, 41(4): 162-166.
[35] 罗化峰, 乔元栋, 徐青云, 等. 大同煤温和超临界热溶-炭化耦合转化过程研究[J]. 洁净煤技术, 2019, 25(01): 142-147.
[36] Luo H F, Li T D, Qiao Y D, et al. Preparation of cigarette butts/coal-based porous carbon and its catalytic methane decomposition to hydrogen[J]. Asia-Pac J Chem Eng, 2021, 16: 1-11.
[37] Rodat S, Abanades S, Sans J L, et al. A pilot-scale solar reactor for the production of hydrogen and carbon black from methane splitting[J]. Int J Hydrogen Energy, 2010, 35: 7748-7758.

[38] Torres D, Dellobet S, Pinilla J L, et al. Hydrogen production by catalytic decomposition of methane using a Fe-based catalyst in a fluidized bed reactor[J]. J Nat Gas Chem, 2012, 21: 367-373.

[39] Allaedini G, Aminayi P, Tasirin S M. Methane decomposition for carbon nanotube production: optimization of the reaction parameters using response surface methodology[J]. Chem Eng Res Des, 2016, 112: 163-174.

[40] Fincke J R, Anderson R P, Hyde T A, et al. Plasma pyrolysis of methane to hydrogen and carbon black[J]. Ind Eng Chen Res, 2002, 41: 1425-1435.

[41] Wang N K, Cha M S, Lee D H, et al. Role of plasma chemistry in methane decomposition in an arc jet reactor[J]. Int J Plasma Environ Sci Technol, 2008, 2: 95-99.

[42] Khalifeh O, Taghvaei H, Mosallanejad A, et al. Extra pure hydrogen production through methane decomposition using nanosecond pulsed plasma and Pt-Re catalyst[J]. Chem Eng J, 2016, 294: 132-145.

[43] Upham D C, Agarwal V, Khechfe A, et al. Catalytic molten metals for the direct conversion of methane to hydrogen and separable carbon[J]. Science, 2017, 358: 917-921.

[44] Geißler T, Plevan M, Abanades A, et al. Experimental investigation and thermo-chemical modeling of methane pyrolysis in a liquid metal bubble column reactor with a packed bed[J]. Int J Hydrogen Energy, 2015, 40: 14134-14146.

[45] Fidalgo B, Menendez J. Carbon materials as catalysts for decomposition and CO_2 reforming of methane: a review[J]. Chin J Catal, 2011, 32: 207-216.

[46] Zhou L, Enakonda L R, Harb M, et al. Fe catalysts for methane decomposition to produce hydrogen and carbon nano materials[J]. Appl Catal B: Environ, 2017, 208: 44-59.

[47] Allaedini G, Tasirin S M, Aminayi P, et al. Bulk production of bamboo-shaped multi-walled carbon nanotubes via catalytic decomposition of methane over trimetallic Ni/Co/Fe catalyst[J]. React Kinet Mech Catal, 2015, 116: 385-396.

[48] Reshetenko T V, Avdeeva L B, Ushakov V A, et al. Coprecipitated iron-containing catalysts ($Fe-Al_2O_3$, $Fe-Co-Al_2O_3$, $Fe-Ni-Al_2O_3$) for methane decomposition at moderate temperatures: Part Ⅱ. Evolution of the catalysts in reaction[J]. Applied Catalysis A: General, 2004, 270: 87-99.

[49] Simon A, Simon M, Richter S, et al. Carbon nanotubes and carbon nanofibers fabricated on tubular porous Al_2O_3 substrates[J]. Carbon, 2015, 90: 25-33.

[50] He C, Zhao N, Shi C, et al. Carbon nanotubes and onions from methane decomposition using Ni/Al catalysts[J]. Mater Chem Phys, 2006, 97: 109-115.

[51] Fakeeha A H, Ibrahim A A, Khan W U, et al. Hydrogen production via catalytic methane decomposition over alumina supported iron catalyst[J]. Arabian Journal of Chemistry, 2018, 11: 405-414.

[52] Zhou L, Enakonda L R, Li S, et al. Iron ore catalysts for methane decomposition to make CO_x free hydrogen and carbon nano material[J]. Journal of the Taiwan Institute of Chemical Engineers, 2018, 87: 54-63.
[53] Acar C, Dincer I, Naterer G F. Review of photocatalytic water-splitting methods for sustainable hydrogen production[J]. Int J Energy Res, 2016, 40: 1449-1473.
[54] Keipi T, Tolvanen H, Konttinen J. Economic analysis of hydrogen production by methane thermal decomposition: comparison to competing technologies[J]. Energy Convers Manag, 2018, 159: 264-273.
[55] Rahman M T, Mohajerani A, Giustozzi F. Possible recycling of cigarette butts as fiber modifier in bitumen for asphalt concrete[J]. Construction and Building Materials, 2020, 13(3): 120-134.
[56] Escobar V G, Sanz R M. Acoustical performance of samples prepared with cigarette butts[J]. Applied Acoustics, 2017, 125: 166-172.
[57] Escobar V G, Gozalo G R, Perez C J. Variability and performance study of the sound absorption of used cigarette butts[J]. Regulatory Toxicology and Pharmacology, 2019, 12(16): 66-74.
[58] Sun H X, La P Q, Yang R X, et al. Innovative nanoporous carbons with ultrahigh uptakes for capture and reversible storage of CO_2 and volatile iodine[J]. Journal of Hazardous Materials, 2017, 321: 210-217.
[59] Li L X, Jia C, Zhu X D, et al. Utilization of cigarette butt waste as functional carbon precursor for supercapacitors and adsorbents[J]. Journal of Cleaner Production, 2020, 256: 120-326.
[60] Franklin R E. Crystallite growth in graphitizing and non-graphitizing carbons[J]. Proc R Soc Lond A, 1951, 209(1097): 196-218.
[61] Hammes K, Schmidt M W I. Biochar for environmental management[M]. Routledge, 2009.
[62] Sweitzer C, Burgess K, Lyon F. The chemistry of carbon black in rubber reinforcement[J]. Rubber Chemistry and Technology, 1961, 34(3): 709-728.
[63] Boehm H P. Chemical identification of surface groups[J]. Advances in Catalysis, 1966, 16: 179-274.
[64] Chen W H, Peng J, Bi X T. A state-of-the-art review of biomass torrefaction, densification and applications[J]. Renewable and Sustainable Energy Reviews, 2015, 44: 847-866.
[65] Tumuluru J S, Wright C T, Hess J R, et al. A review of biomass densification systems to develop uniform feedstock commodities for bioenergy application[J]. Biofuels, Bioproducts and Biorefining, 2011, 5(6): 683-707.
[66] Dalai A K, Azargohar R. Materials, Chemicals, and energy from forest biomass[M]. ACS Publications, 2007.
[67] Demiral H, Demiral İ, Karabacakoğlu B, et al. Production of activated carbon from olive bagasse by physical activation[J]. Chemical Engineering Research

and Design, 2011, 89(2): 206-213.
[68] Girgis B S, Soliman A M, Fathy N A. Development of micro-mesoporous carbons from several seed hulls under varying conditions of activation[J]. Microporous and Mesoporous Materials, 2011, 142(2-3): 518-525.
[69] Han Y, Boateng A A, Qi P X, et al. Heavy metal and phenol adsorptive properties of biochars from pyrolyzed switchgrass and woody biomass in correlation with surface properties[J]. Journal of Environmental Management, 2013, 118: 196-204.
[70] Lussier M, Zhang Z, Miller D J. Characterizing rate inhibition in steam/hydrogen gasification via analysis of adsorbed hydrogen[J]. Carbon, 1998, 36(9): 1361-1369.
[71] Rajapaksha A U, Vithanage M, Ahmad M, et al. Enhanced sulfamethazine removal by steam-activated invasive plant-derived biochar[J]. Journal of Hazardous materials, 2015, 290: 43-50.
[72] Kołtowski M, Hilber I, Bucheli T D, et al. Effect of steam activated biochar application to industrially contaminated soils on bioavailability of polycyclic aromatic hydrocarbons and ecotoxicity of soils[J]. Science of the Total Environment, 2016, 566: 1023-1031.
[73] Shim T, Yoo J, Ryu C, et al. Effect of steam activation of biochar produced from a giant miscanthus on copper sorption and toxicity[J]. Bioresource Technology, 2015, 197: 85-90.
[74] Mayakaduwa S S, Herath I, So Y S, et al. Insights into aqueous carbofuran removal by modified and non-modified rice husk biochars[J]. Environmental Science and Pollution Research, 2017, 24(29): 22755-22763.
[75] Lee J, Yang X, Song H, et al. Effects of carbon dioxide on pyrolysis of peat[J]. Energy, 2017, 120: 929-936.
[76] Toles C A, Marshall W E, Wartelle L H, et al. Steam-or carbon dioxide-activated carbons from almond shells: physical, chemical and adsorptive properties and estimated cost of production[J]. Bioresource Technology, 2000, 75(3): 197-203.
[77] Kołtowski M, Hilber I, Bucheli T D, et al. Activated biochars reduce the exposure of polycyclic aromatic hydrocarbons in industrially contaminated soils[J]. Chemical Engineering Journal, 2017, 310: 33-40.
[78] Chen N, Yang R T. Ab initio molecular orbital study of the unified mechanism and pathways for gas-carbon reactions[J]. Journal of Physical Chemistry A, 1998, 102(31): 6348-6356.
[79] Ren S, Lei H, Wang L, et al. Hydrocarbon and hydrogen-rich syngas production by biomass catalytic pyrolysis and bio-oil upgrading over biochar catalysts[J]. RSC Adv, 2014, 21(4): 10731-10737.
[80] 王洪超. 基于芳烃制备的生物质基催化的设计制备和反应性能[D]. 青岛: 青岛科技大学, 2019.

[81] 易春雄. 生物质焦对木屑催化热解的实验研究[D]. 武汉: 华中师范大学, 2019.

[82] Hara M, Yoshida T, Takagaki A, et al. A carbon material as a strong protonic acid[J]. Angewandte Chemie International Edition, 2004, 43: 295-298.

[83] Rana A, Alghazal M S A, Alsaeedi M M, et al. Preparation and characterization of biomass carbon-based solid acid catalysts for the esterification of marine algae for biodiesel production[J]. Bio Energy Research, 2019, 12(2): 433-442.

[84] Zhang M, Sun A, Meng Y, et al. Catalytic performance of biomass carbon-based solid acid catalyst for esterification of free fatty acids in waste cooking oil[J]. Catalysis Surveys from Asia, 2015, 19(2): 61-67.

[85] Hou J, Liu Y, Wen S, et al. Sorghum-waste-derived high-surface area KOH-activated porous carbon for highly efficient methylene blue and Pb(Ⅱ) removal[J]. ACS Omega, 2020, 5(23): 13548-13556.

[86] Huang G G, Liu Y F, Wu X X, et al. Activated carbons prepared by the KOH activation of a hydrochar from garlic peel and their CO_2 adsorption performance[J]. New Carbon Materials, 2019, 34: 247-257.

[87] Hong P, Liu Y, Zhang X, et al. Potassium sulphate (K_2SO_4) activation of chestnut shell to oxygen-enriched porous carbons with enhanced capacitive properties[J]. International Journal of Energy Research, 2020, 44(7): 5385-5396.

第3章 温和超临界热溶与碱式炭化耦合工艺及其对裂解煤层气的影响

我国“富煤缺油少气”的能源结构决定了在较长一段时间内以煤为主的能源结构状况不会改变，国内经济的发展与煤炭行业的发展息息相关。然而近年来，随着国内侏罗纪煤炭资源的枯竭，生产优质动力煤的优势已不复存在。深部石炭-二叠纪煤层已成为主力接替资源，其储量占国内煤炭总储量的 50%以上，该煤种为中灰、中硫、高挥发和中发热量的低阶煤[1]。过去很长一段时间内，低阶煤的利用主要以燃烧发电为主，能量转化效率较低，随之带来的是雾霾、酸雨等环境问题。因此，研究者根据低阶煤的组成与结构特征，开发了一系列分级利用与转化技术，将低阶煤转化为各种高附加值燃料、化学品，以充分发挥该资源的价值，有效地减少该资源在燃烧过程中对环境所造成的污染。就目前而言，低阶煤的高效、洁净利用工艺主要有气化、直接液化、中低温热解多联产和热溶解聚等[2]。但是，这些已有工艺在实际工业化的过程中仍然存在着许多关键技术瓶颈问题没有解决：①煤气化存在煤中一些高价值组分利用浪费、巨大能量损耗和碳排放高等问题；②煤直接液化存在反应条件苛刻、工艺复杂、污染较严重、高能耗和可弃性高效催化剂难以回收等问题[3]；③中低温热解多联产存在着热解焦油重质组分（沸点在 360℃以上）含量较高、管路堵塞和半焦的利用价值较低等问题[4]；④煤的热溶解聚存在溶剂价格高昂和难以回收等问题[5]。因此，针对目前低阶煤利用技术存在的问题，势必需要开发出一种工艺简单、条件温和、所产化学品用途广泛、溶剂可回收及循环使用、半焦附加值高的新型利用技术。

近年来，溶剂萃取法因其反应条件温和、能源转化率高和可实现煤的多级利用等诸多优点而备受研究者的关注。然而，大多数研究者主要关注如何提升萃取效率和高效利用萃取物，忽视了对萃取残渣进一步合理化的利用。Li 等[6]研究了 8 种煤经热溶处理提质后所制焦炭的气化性能，结果表明，经提质之后所获煤焦气化性能要优于其原煤所制煤焦的气化性能。蔡颋[7]研究了以萃取残渣为原料，分别利用 CO_2 物理活化和 KOH 化学活化法制备介孔型炭材料。结果表明，相同条件下萃取残渣制备的介孔炭比表面积、孔容等要优于原煤，活化温度为 800℃、KOH/萃取残渣质量比为 2:1 时所制备炭基材料的介孔率是最高的，最高比表面积可达 2100m^2/g。以上研究结果表明，通过对煤的溶剂萃取处理，不仅可以得到一定量的萃取产物，而且可以有效地改善萃取残渣的表面性质和孔隙结构。但是，一般的溶剂萃取方法因为温度较低，导致萃取效果较差，因而大多数需要采用较为昂贵的试剂，以达到较好的萃取效果[5]。这势必要求研究者进一步改善溶剂萃取法，从而实现该技术的工业化应用推广。另外，为了实现萃取残渣的高效利用，将其制备成介孔型炭材料具有广阔的前景。这是因为介孔型炭材料具有高孔隙率、低密度、良好的导电性、优异的传热性、优异的热稳定性等物理和化学性质，使其成为化工、环保和生活等领域不可或缺的一部分[8-12]。目前它们已被广泛用作电池和电容器的电极、分离和储存气体的吸附剂、液体净化的吸收剂、催化剂及催化剂载体等[13-17]。然而，介孔型炭材料的制备方法有很多种，其中 KOH 活化法因其活化和开孔效果明显，被广大研究学者所青睐。国内外研究者认为，KOH 活化反应的最佳温度是 700℃以上[18-24]，当活化温度高于该温度时，活性炭孔隙将得到较好的发育和拓展。但活化剂 KOH 为强碱性物质，在高温时它的腐蚀性将增强，特别是当活化温度超过金属钾的沸点（862℃）时，活化过程将会产生大量金属钾蒸气。该蒸气一旦与空气中的水分混合，极易发生爆炸[25]，不利于规模化的工业生产。因此，降低活化温度，不仅可以减轻 KOH 在活化过程中对设备的腐蚀性，还可以降低生产的危险性。邢宝林等[26]报道以印尼褐煤为原料，通过 KOH 活化法在中低温（<600℃）制备出超级电容用活性炭。但对于采用温和超临界热溶处理低阶煤，所得热溶残渣在中低温（<600℃）条件，通过 KOH 活化法制备高比表面积的活性炭的研究报道较少。

鉴于以上论述以及低阶煤中所含挥发分和灰分较高的特点，本章提出一种利用低阶煤的新工艺。该技术充分考虑低阶煤已有转化技术的难点与缺点，采用温和超临界热溶与碱式活化炭化耦合方式对低阶煤中不同组成与结构实现分级定向转化和高附加值利用。其主要过程是：在低于煤热解温度（一般为≤300℃）下，通过超临界热溶脱除煤中绝大部分水分、含氮和氧的官能团并打断一定量醚-氧桥键，将该液固产物通过索氏抽提分离为液体产物和热溶煤，液体产物经减压蒸馏分离出一定数量的热溶油和溶剂，灰分几乎全部保留在热溶煤中。所得热溶煤结构更加疏松、孔隙更加发达。采用碱式化学活化（KOH）工艺在中低温（≤600℃）实现制备高比表面积活性炭的目的，该技术可以实现低阶煤的温和利用与分级转化，同时它的研究成果也可为低阶煤的利用提供一定的理论依据和技术支撑。另外通过该工艺所制炭材料也可作为煤层气裂解制氢的催化剂。

目前，氢气是化工生产过程中的一种重要原料，同时也是一种清洁燃料。因而，许多学者致力于通过热化学、电化学等手段从碳氢化合物或者水中获得氢气[27]。截止到目前，工业化大规模生产中一般采用水蒸气甲烷重整（SMR）技术制氢。然而该工艺过程中会产生大量的二氧化碳，为了脱除这些二氧化碳势必需要增加净化装置，这将导致制氢成本大幅增加[28]。催化甲烷裂解制氢（CMD）是一种流程简单、副产碳材料的制氢工艺。该工艺过程由于没有 CO 和 CO_2 副产物的生成而备受研究者的关注。许多金属催化剂（诸如 Fe[29-31]、Co[32-35]和 Ni[36-39]等）被应用到工艺转化过程中，研究证明这些催化剂能够有效促进甲烷的裂解制氢。然而，在甲烷裂解制氢过程中容易产生积炭，从而使得金属催化剂表面活性位失活，催化剂的再生费用往往是昂贵的，而且这一过程将会再次释放大量的 CO_2，从而制约该技术的工业化应用。

鉴于金属催化剂的这些缺点，炭材料被认为是甲烷裂解制氢最具替代性的催化剂，与金属催化剂相比，它不仅具有低成本、强高温抵抗性和高抗硫性等特点，而且用过的炭材料催化剂可以直接被用于制备高比容电极等，从而避免了催化剂活化的高昂成本和大量 CO_2 的产生[40,41]。Muradov[42]研究了 30 种不同炭材料的催化效果，其中包括活性炭、炭黑、石墨、金刚石、碳纤维和碳纳米管等，发现炭材料的催化活性与它们的来源、结构和表面积有极大的关系。作为煤基活性炭催化剂，原煤的性质极大地影响着催化剂的活化特性。Wei 等[43]研究了不同煤阶原煤所制活性炭的催化性能，结果表明低阶煤所制煤焦具有较好的催化活性。Bai 等[44]的研究结果也表明褐煤所制煤焦的催化活性较烟煤和无烟煤的效果要好。以上这些都说明，低阶煤所制炭材料可以催化甲烷裂解制氢并获得较高转化率和稳定性。因此，本章也通过温和超临界热溶对大同煤进行处理，在不同活化温度制备炭材料，将所制炭材料应用于催化煤层气裂解制氢，并详细研究温和超临界热溶预处理对不同温度所制炭材料的表面和化学性质以及催化煤层气裂解制氢的影响。

3.1 热溶碱式炭化以及煤层气裂解制氢方法

3.1.1 热溶方法

选用大同煤（YM）为原料，该煤种为长焰煤。大同煤以及大同煤经热溶处理后所得产物［被称为热溶煤（RR）］的工业分析和元素分析见表 3-1。分别称取 5g YM 和 150mL 苯溶剂置于 500mL 高压反应釜中，固定好反应釜中的螺栓后，反复向反应釜内通入一定量的 N_2 排出反应装置内的空气，然后注入 4MPa 的 N_2，关闭气阀。开启搅拌装置，以 5℃/min 的升温速率将反应釜升温至 290℃后保温，并恒温搅拌 2h，最终压力维持在 9MPa。待反应结束并冷却至常温后，取出釜内全部热溶产物。将热溶产物利用乙醇溶剂通过索式抽提装置进行清洗，所得液体产物经减压蒸馏分离得到热溶油和乙醇溶剂，所得固体产物经热水洗涤残留乙醇后得到 RR。

表 3-1 大同煤及热溶煤的工业及元素分析

样品	工业分析/%				元素分析/%				
	M_{ad}	A_d	V_{daf}	FC_{daf}	C	H	N	S	O①
YM	1.7	25.5	31.5	68.5	78.9	11.6	1.4	2.1	6.0
RR	1.5	21.8	28.9	71.1	82.3	9.2	1.1	1.8	5.6

① 氧含量由差减法求得。

注：ad 代表空气干燥基；d 代表无水无灰基；daf 代表干燥基；*M* 代表水分；*A* 代表灰分；*V* 代表挥发分；*FC* 代表固定碳。

3.1.2 炭化和煤层气催化裂解工艺

YM 或 RR 与活化剂 KOH（天津大茂化工试剂厂）按质量比 4:1 混合，加入一定量的去离子水和乙醇置于坩埚中机械搅拌 24h，将坩埚放置于立式炭化炉中，氮气流量为 200mL/min。炭化程序设定为：样品在 35min 内从 25℃加热升温至 200℃并停留 1h，然后以 5℃/min 的升温速率继续加热升温至目标温度并停留 2h，切断电源冷却至室温。收集炭化物料，并使用 3mol/L 盐酸（或硫酸）浸泡 24h，再使用电磁搅拌器搅拌 6h，最后采用去离子水洗涤、抽滤到 pH 为中性，在 150℃下干燥 2h。

煤层气裂解反应在 850℃和常压条件的垂直固定床反应器内运行，因为煤层气中主要成分为甲烷，而地面抽采的煤层气中甲烷含量一般大于 96.5%，因此本书以纯甲烷模拟煤层气开展实验。首先在反应器内填充 0.2g 炭材料催化剂，接着通入 40mL/min 流量的氮气并加热到 850℃，然后通入 10mL/min 的甲烷和 40mL/min 氮气的混合气替代纯氮气，总的体积空速设定为 15000mL/(h·g_{cat})。气体产物通过在线气相色谱（Lunan，GC7890II）分析，该色谱装备在 150℃运行的热导探测器（5A 分子筛填充柱）和 100℃运行的氢火焰探测器（GDX502 填充柱）上。煤层气转化率和氢产率通过下列公式计算。

$$X_{\mathrm{CBM}}=(F_{\mathrm{CBM,in}}-F_{\mathrm{CBM,out}})/F_{\mathrm{CBM,in}}\times 100\% \tag{3-1}$$

$$Y_{\mathrm{H_2,out}}=F_{\mathrm{H_2,out}}/(2F_{\mathrm{CBM,in}})\times 100\% \tag{3-2}$$

式中，X、Y、F 分别代表煤层气转化率（%）、氢产率（%）、气体流量(mmol/min）。

3.1.3 测试方法

采用 ASAP 2420 型全自动氮吸附仪在−196℃测定炭材料的结构性质，表面积和孔结构信息通过 BET 和 BJH 方法计算，微孔体积（V_{mic}）以及微孔率则通过 t-plot 法以及 V_{mic} 和总孔容（V_t）的比值（V_{mic}/V_t）计算。采用 D/MAX-2400 型 X 射线衍射仪对炭材料进行 XRD 测试，仪器参数为 Cu 靶，K_α射线辐射源，管电压 30kV，管电流 30mA。采用美国 Thermo Fisher 傅里叶变换红外分析光谱仪测试炭材料和煤样的表面官能团结构。采用工业和元素分析仪检测煤样的性质。采用 Mettler Toledo TGA/SDTA851^e 型热重分析仪对煤样进行 TG 分析。采用德国 SR3400 型 XRF 仪器测试煤样的灰分组成。采用德国蔡司 EV018 型扫描电镜测试炭材料的表面形貌。采用英国雷尼 inVia 显微拉曼光谱仪进行炭材料有序性及石墨化程度分析。

3.2 温和超临界热溶与碱式炭化耦合工艺研究

3.2.1 热溶和炭化参数对大同煤温和超临界热溶的影响

温和超临界热溶实验具体装置见图 3-1。以非极性（苯）为热溶溶剂，大同煤为研究对象，利用 500mL 高压反应釜，氮气气氛，在温度为 250℃、270℃和 290℃，溶剂与煤的比例为 150∶5、100∶5 和 200∶5（mL∶g）以及初始压力为 1MPa、2MPa、3MPa 和 4MPa 开展了大同煤温和超临界热溶参数优化研究。结果表明，随着温度、溶剂与煤的比例和初始压力的升高，大同煤的热溶率增加，最高热溶率为 26.23%。这已达到文献所述在 360℃、1-甲基萘溶剂、10MPa 下煤的热溶率，说明在低温（煤的热解温度≤300℃）和非极性溶剂下也可实现高热溶率。依据热溶率较高和节约溶剂的标准，最优热溶参数最终选择为，5g 大同煤，150mL 苯为溶剂，4MPa 氮气，热溶温度为 290℃，反应的最终压力维持在 9MPa。此时所选温度和压力条件已经使得热溶溶剂苯（T_c=289.1℃，p_c=4.83MPa）处于超临界状态。但是所选实验温度小于煤的热解温度，故称之为温和超临界热溶。大同煤经温和超临界热溶处理可以获得热溶油，该物质通过气质联用仪检测，结果如图 3-2 所示。从图 3-2 可以看出，热溶油主要成分为烷烃、芳香烃（2～4 环）、含氧类物质和脂类物质，其中芳香烃和烷烃的含量居多，说明大同煤经过温和超临界热溶处理，可以将其所含部分轻组分溶解出来，并不

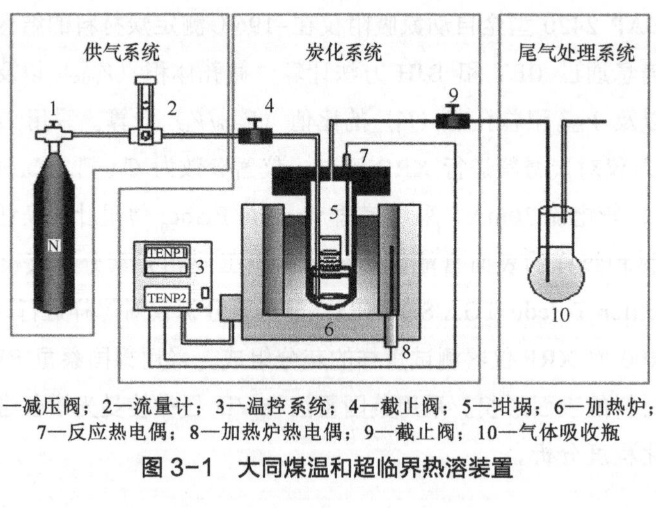

1—减压阀；2—流量计；3—温控系统；4—截止阀；5—坩埚；6—加热炉；7—反应热电偶；8—加热炉热电偶；9—截止阀；10—气体吸收瓶

图 3-1 大同煤温和超临界热溶装置

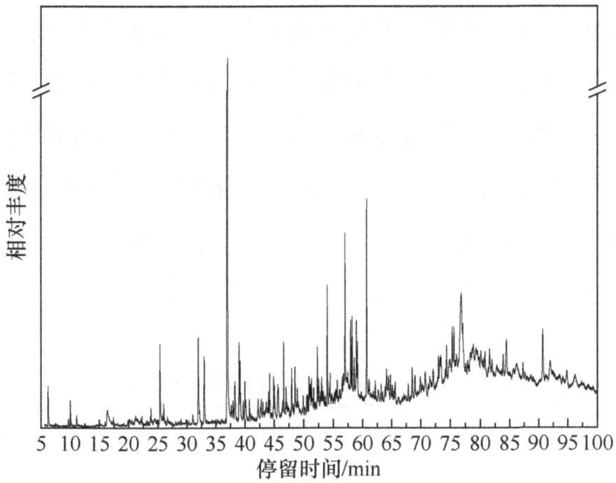

图 3-2 热溶油 GC-MS 的总离子流色谱图

会对煤的结构造成破坏。通过精馏处理可以将热溶油和溶剂进行分离，所得热溶油经过深加工可以被作为优质燃料使用。

碱式炭化实验在立式炭化炉中进行，主要从碱碳比（1∶1、2∶1、3∶1、4∶1和 5∶1）、活化溶剂（水∶乙醇为 1∶1、2∶1、3∶1、4∶1、5∶1 和 6∶1，总溶剂体积为 60mL）、洗涤方式（水和 5mol/L 盐酸）三方面开展了炭化最优参数的研究。结果表明，当以所制炭材料的比表面积大小为基准时，随着碱碳比的增加，炭材料的比表面积呈现出先增加后减小的趋势。随着活化溶剂，即水∶乙醇比例的增加，炭材料的比表面积呈现出先增加后减小的趋势。不同的洗涤方式对炭材料的比表面积影响较大，其中炭材料通过水洗涤之后，由于材料内部还残余大量碱和灰分，导致炭材料的比表面积较小。而通过酸洗涤之后，可以有效地脱除炭材料内部残余的碱和灰分，从而导致炭材料的比表面积大幅增加。经过上述研究可知，最佳的工艺条件为：KOH 与原煤质量比为 4∶1，水与乙醇混合比为 5∶1（总溶剂量为 60mL），洗涤方式为酸洗，反应温度依据具体实验选定。例如，在 550℃所制炭材料的比表面积为 1206m^2/g，微孔比表面积为 1035m^2/g，孔容为 0.68cm^3/g，平均孔径为 2.26nm。

3.2.2 温和超临界热溶对炭化材料的影响

为了研究温和超临界热溶处理对大同煤炭化的影响，首先以大同煤和热溶煤为原料，以 KOH 作为活化剂，在中低温条件下制备活性炭。所获活性炭（AC）

被记为 AC-T 或 AC-T-1，其中，T 是活化温度，1 代表热溶煤所制的活性炭。例如，AC-550 的意思是煤在 550℃活化温度制备的活性炭；AC-550-1 的意思是热溶煤在 550℃活化温度制备的活性炭。表 3-2 为低阶原煤和热溶煤的炭材料收率。从表 3-2 可以看出，AC-550-1 较 AC-550 收率降低 0.9 个百分点，这表明温和超临界热溶处理后的原煤孔径更加发达、结构更加疏松，在炭化阶段将会有更多碳与活化剂 KOH 发生反应，从而提高炭材料的孔径分布和比表面积。

表 3-2　大同煤和热溶煤的炭材料收率

炭材料	AC-550	AC-550-1
炭化温度/℃	550	550
炭材料收率/%	46.87	45.95

为了进一步说明两种活性炭孔隙结构的区别，通过氮吸附测试了材料的等温线。图 3-3 为大同煤和热溶煤基活性炭的氮吸附-脱附等温线图，AC-550 和 AC-550-1 的吸附等温线为典型Ⅰ型，该等温线表明两种活性炭在低压区域内的吸附量较多。随着相对压力（p/p_0）的不断增加，吸附的增加量趋于平缓，逐渐接近于水平，表明两种活性炭主要以微孔结构为主。脱附曲线在相对压力为 0.4 以上均出现滞后现象，其中 AC-550-1 较 AC-550 滞后现象更加明显，这说明 AC-550-1 的孔径分布更宽，且中孔结构数量更多。AC-550-1 和 AC-550 的孔结构参数见表 3-3，其结果与吸附等温线所表现出的趋势完全一致。

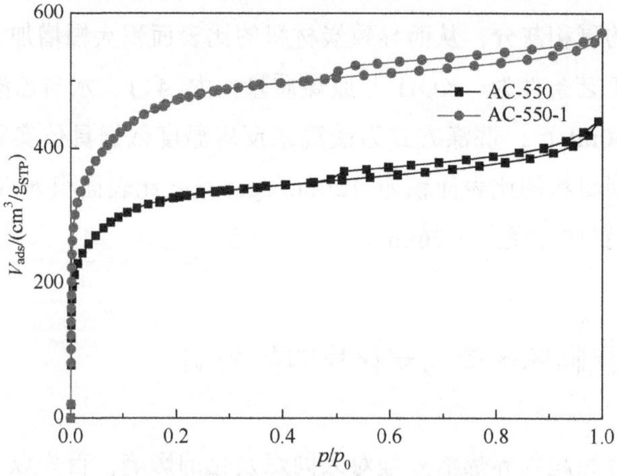

图 3-3　活性炭的 N_2 吸附-脱附等温线

表 3-3 不同活性炭的孔结构参数

样品名称	比表面积/（m^2/g）	微孔比表面积/（m^2/g）	孔容/（cm^3/g）	平均孔径/nm
AC-550	1206	1035	0.68	2.26
AC-550-1	1730	1501	0.88	2.04

为了进一步验证活性炭孔结构的分析结果，对大同煤和热溶煤基活性炭的表面形貌采用扫描电镜进行检测（如图 3-4 所示）。从图 3-4 可以看出，AC-550 有许多微孔结构和少量的中孔，然而 AC-550-1 不仅有新的微孔生成，而且部分微孔因扩孔作用的深入，不断消耗骨架碳而连通变成中孔或大孔。这与活性炭孔结构数据一致。这可能是由于原煤经过热溶处理使得结构更加疏松、孔隙更加发达，从而导致活化剂能够充分进入原煤内部，在同样的制备条件下加剧了活性炭孔隙结构的扩展。

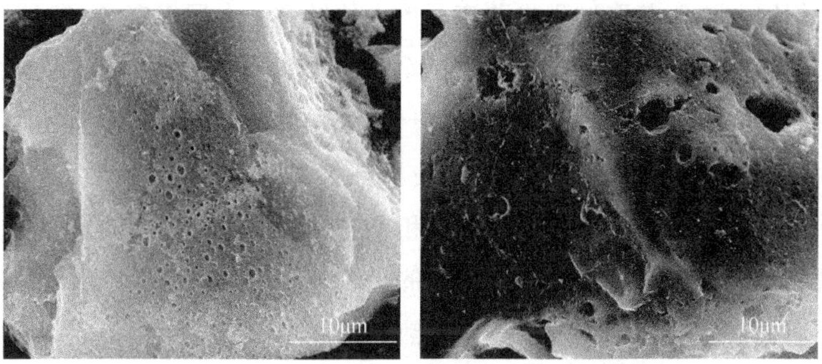

(a) AC-550　　(b) AC-550-1

图 3-4 大同煤和热溶煤制备活性炭扫描电镜

图 3-5 是低阶原煤和热溶煤所制活性炭的 XRD 分析。一般认为炭材料的 XRD 在 26°和 43°的衍射峰对应 C(002)和 C(101)晶面，而两个衍射峰的强度或者面积比反映了炭石墨层的有序度，比值越低，结构越有序。通过软件计算可知，两种活性炭的衍射峰强度比［C(101)/C(002)］分别为 0.72 和 0.81，说明在活化温度下，KOH 与热溶煤表面及孔隙内部的侧链、表面官能团上非芳香结构活性碳原子发生剧烈反应，致使 AC-550-1 基体大分子结构中的相关表面官能团数量减少。活性炭结构逐渐趋于更加无序化，孔隙更加丰富，这与图 3-4 表面形貌所观察到的现象一致。

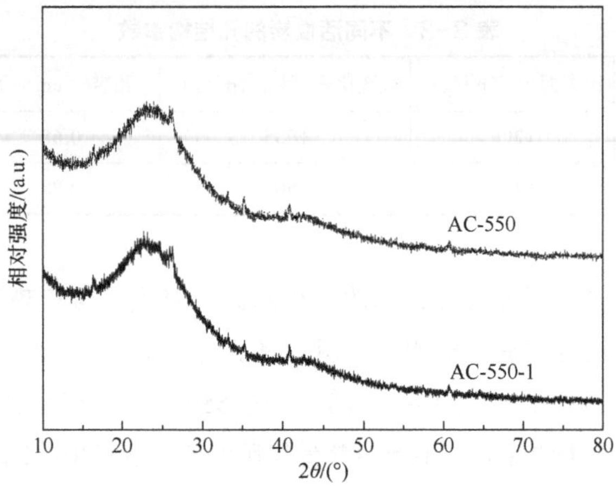

图 3-5 大同煤和热溶煤制备活性炭的 XRD 图谱

为了进一步说明两种活性炭、热溶煤中所含官能团与大同煤的区别，通过红外光谱仪测试了样品，结果见图 3-6。由图 3-6 可见，热溶煤与大同煤的红外谱图基本相同，说明萃取过程未改变煤的主体结构。大同煤在 3400cm^{-1} 左右出现一个宽吸收峰，该峰的底部一直延续至 3000cm^{-1} 附近，形成了一个很宽的吸收带。由此表明大同煤和热溶煤中含有一定量的氢键缔合羟基，而且大同煤较热溶煤的相对强度要大，说明温和超临界热溶处理可以脱除一定量的羟基。2920cm^{-1} 和 2850cm^{-1} 处是 C—H 对称和不对称伸缩振动吸收峰的位置，其中大同煤的吸收峰相对强度要远高于热溶煤的吸收峰，表明大同煤中所含脂肪族结构相对含量明显高于热溶煤，温和超临界热溶处理可以脱除一定量的脂肪族结构。1600cm^{-1} 处的吸收峰强度说明大同煤和热溶煤中含有一定数量的芳香结构。1450cm^{-1} 处的吸收峰强度说明大同煤和热溶煤中含有一定数量与苯环相连的侧链基团，两种物质在上述两处的吸收峰强度基本相同，这表明温和超临界热溶处理对两种基团的影响程度较小。大同煤的矿物质归属峰为 600～500cm^{-1}、1100～1000cm^{-1} 和 3700～3600cm^{-1}。它们的吸收强度与热溶煤的相比基本相同，表明温和超临界热溶处理对大同煤中矿物质影响较小，绝大部分矿物质被保留在热溶煤当中，并未进入热溶油。AC-550 较 AC-550-1 在 3400cm^{-1} 左右的吸收峰减弱，说明在炭化和活化过程中所含羟基数量减少。但是 AC-550-1 较热溶煤吸收峰明显增强，说明 AC-550-1 中羟基与热溶煤中所含羟基有很大区别。在 2970cm^{-1} 处，AC-550 较 AC-550-1 所含芳香结构要多，说明热溶煤炭化和活化反应更加充分，导致芳香结构减少较多。在 600～500cm^{-1}、1100～1000cm^{-1} 和

3700～3600cm^{-1} 处两种炭材料的矿物质峰基本消失，说明炭材料在制备过程中被盐酸洗脱，导致原材料中矿物质被绝大部分脱除。为了验证红外谱图所反映矿物质峰的结果，采用 XRF 对 YM、RR 和两种活性炭的灰分进行分析，结果见表 3-4。从表 3-4 可以看出，炭材料中矿物质含量较大同煤有大幅度减少，这可能是由于在活化过程中部分矿物质与氢氧化钾反应生成盐类物质，该盐类物质最终通过盐酸的洗脱而损失掉绝大部分。大同煤和热溶煤矿物质含量相比，两者变化不大，表明温和超临界热溶处理工艺只是将煤中的小分子化合物溶解出来，而对于大同煤中所含矿物质影响较小。这些与红外谱图的结果相一致。

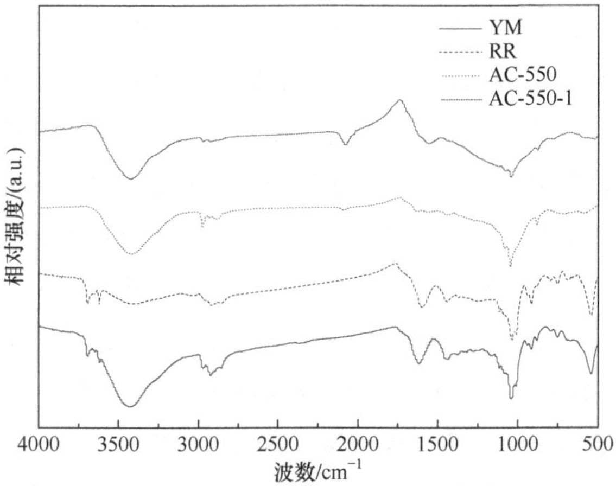

图 3-6　大同煤和热溶煤及其活性炭的 FT-IR 谱图

表 3-4　XRF 测定的不同煤和活性炭的矿物质组成　　单位：%

样品	SiO_2	Al_2O_3	Fe_2O_3	CaO	MgO	SO_3	Na_2O	其他
YM	44.20	21.40	13.30	2.80	1.30	2.30	0.80	13.90
RR	43.20	20.40	13.29	2.78	1.29	2.27	0.79	15.98
AC-500	16.86	7.92	5.23	0.79	0.21	0.11	0.09	68.79
AC-500-1	14.72	6.85	4.79	0.54	0.18	0.08	0.04	72.80

3.2.3　大同煤与 KOH 的反应机理

煤与 KOH 炭化反应机理已经被众多学者所研究，大部分学者用各种仪器分析检测二者反应过程中所生成的各种气体和液体产物，从而推导出二者在不同温度阶段的反应机理。这些研究方法存在着一定的缺陷，即反应过程中所生成的自由基碎片在到达检测仪器时已经发生了二次反应和重组，这将会影响对二者反应机理准确性的判断。鉴于此，首次采用大连理工大学胡浩权教授等搭建的原位热解双电离源飞行时间质谱研究了大同煤与 KOH 炭化反应的作用机理。该装置在实验过程中对煤与 KOH 反应产物的检测是在高真空环境中进行的，热解区压力为 10^{-4}Pa 量级，而检测区压力更低，为 10^{-5}Pa 量级。高真空环境可以大大增加分子的平均自由程（约为数十米量级），因此粒子间的碰撞和二次反应被抑制，使得中间物质和初级热解产物的结构和组成信息得以保存。

大同煤热解产物和大同煤与 KOH 反应产物的 PI-MS 谱图结果如图 3-7 所示，根据谱图提供的准确质荷比（m/z）信息，结合前人相关研究结果和 NIST 数据库检索等手段，确定了大同煤热解产物和大同煤与 KOH 反应产物的分子组成。从图 3-7 可以看到，大同煤的热解产物种类主要可归为四类：烯烃（包括单烯烃、双烯烃和环烷烃）、芳香烃（包括苯、萘及其烃基衍生物）、单酚（包括苯酚、萘酚及其烃基衍生物）和双酚（包括苯二酚、萘二酚及其烃基衍生物），产物中还包括部分含氮物质（如 NH_3 等）。添加 KOH 的大同煤热解产物基本与大同煤的热解产物相同，但是其相对含量都减小，其中烯烃（m/z 为 42，56，70，82）的相对含量大幅下降，表明这些物质与 KOH 发生反应，从而促进了所制活性炭的孔结构发展。烷烃（m/z 为 84，98）的相对含量下降较少，说明虽然这些物质与 KOH 发生反应，但是烯烃与 KOH 的反应生成了烷烃，从而导致烷烃的相对含量下降较少。芳香烃（m/z 为 78，92，106，120，128，142，156，170，184）的相对含量大幅下降（除 m/z 为 78 的苯），表明这些物质所含侧链可以与 KOH 发生反应，但是结构相对稳定的苯的反应却较少，说明芳香烃与 KOH 的反应可以进一步促进活性炭孔隙结构的发展。单酚和双酚（m/z 为 94，108，110，122，124，136，196，210）的相对含量下降最多，表明这些物质可以与 KOH 发生反应，从而大幅促进了所制活性炭的孔结构发展。鉴于上述分析可知，KOH 活化法制备大同煤基活性炭的活化机理为，随着活化温度的升高，KOH 主要与大同煤大分子结构中的含氧官能团、烯烃键和侧链发生较多的活化反应，形成大量的微孔、中孔并进一步扩展为大孔结构。而芳香烃则由于结构稳定，不易与 KOH 发生反应，当活化温度达到 750℃以后，反应中形成的 K 蒸气将会在碳基体的微晶片层间穿行，撑开芳香片层使其发生扭曲或变形，也创造出部分新的孔隙。

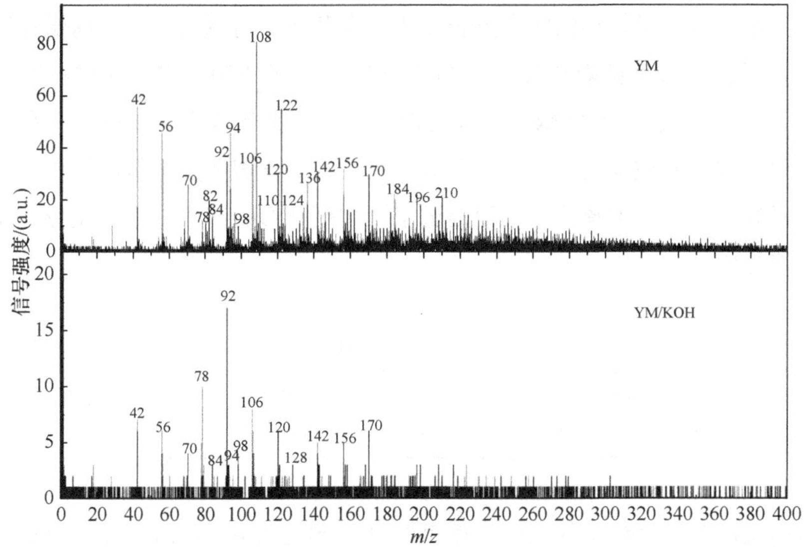

图 3-7 大同煤和大同煤与 KOH 混合物热解产物的 PI-MS 谱图

3.3 热溶处理对不同活化温度炭材料及其裂解煤层气的影响

3.3.1 热溶处理对不同活化温度炭材料结构和表面性质的影响

大同煤经热溶处理，可以得到热溶油和热溶煤，热溶率为 26.2%。大同煤和热溶煤的工业分析、元素分析和灰分分析见表 3-1 和表 3-4。显而易见，热溶煤的挥发分减少 2.6%，灰分减少 3.7%，固定碳相应地增加 2.6%。与之对应的元素分析也说明除了 C 元素少量增加外，其他元素都有轻微减少。灰分分析说明灰中的主要元素成分 Si、Al、Fe、Ca 和 Mg 都有轻微减少。以上这些表明，煤热溶处理后只是脱除了煤中的一部分小分子物质，对于煤的大分子结构影响较小，而且保留了煤中的绝大部分灰分。为了进一步研究煤的热溶预处理对 KOH 活化制备活性炭材料的影响，本章针对大同煤和热溶煤分别在不同炭化温度（550℃、650℃、750℃和 850℃）制备了活性炭，并对二者表面化学性质和结构进行了研究，分别记为 AC-550、AC-650、AC-750、AC-850、AC-550-1、AC-650-1、AC-750-1 和 AC-850-1。

不同温度所制炭材料的收率见表 3-5。从表 3-5 可以看出，大同煤在不同温度所制炭材料的收率随着温度的升高逐渐减小，在 850℃时的炭材料收率只有 30.8%。与之相对应，热溶煤在不同温度所制炭材料的收率都在减小，在 750℃所制炭材料收率的减少量最大，达到 6 个百分点。这表明大同煤的热溶提质处理能够使得煤的结构更加疏松，从而促进了活化剂 KOH 与碳元素的反应，使得热溶煤的消耗增加。

表 3-5　不同温度所制炭材料的收率

样品	AC-550	AC-650	AC-750	AC-850	AC-550-1	AC-650-1	AC-750-1	AC-850-1
产率/%	46.90	42.40	40.80	30.80	46.00	37.30	34.80	28.60

不同温度所制炭材料的结构性质见图 3-8 和表 3-6。从图 3-8 中可以看出，所有样品的氮吸附/脱附等温线均呈现出了迟滞回线，说明这些样品中均含有介孔。其中，AC-550、AC-650 和 AC-550-1 的等温线相对接近平行于 p/p_0 轴，说明它们是多微孔的材料。其他样品的等温线均为Ⅳ型曲线，表现出多介孔的特征。热溶煤随着炭化温度的增加，吸附量呈增加趋势。所有样品的孔径分布图说明活性炭的介孔主要集中在 3～5nm。结合表 3-6 所示的各炭材料的孔结构参数，可以发现 AC-550-1、AC-650-1 和 AC-750-1 的比表面积和孔容较 AC-550、AC-650 和 AC-750 的比表面积和孔容逐渐增大，而 AC-850-1 较 AC-850 的比表面积和孔容却有所减小。这说明热溶提质可以促进炭材料的开孔和孔容的增加，然而当温度达到 850℃时，过度的反应可能导致炭材料的部分开孔发生坍塌，从而导致比表面积和孔容减小。AC-550-1 和 AC-750-1 的微孔孔容占总孔容的比值（即 V_{mic} 对 V_t 的贡献，V_{mic}/V_t）较 AC-550 和 AC-750 却增加，即热溶煤所制炭材料的微孔孔隙率较大同煤活性炭增加。而 AC-650-1 较 AC-650 的微孔孔隙率却减少，AC-850-1 和 AC-850 的微孔孔隙率都为 0。这说明热溶煤在 550℃和 750℃所制炭材料的微孔数量较大同煤在这些温度所制炭材料均呈现增加的趋势，热溶预处理主要促进活性炭的微孔开孔。热溶煤在 650℃所制炭材料的介孔数量较大同煤在该温度所制炭材料大幅增加，热溶预处理主要促进活性炭的介孔开孔。热溶煤和大同煤在 850℃所制炭材料所开孔全部为介孔，热溶预处理反而

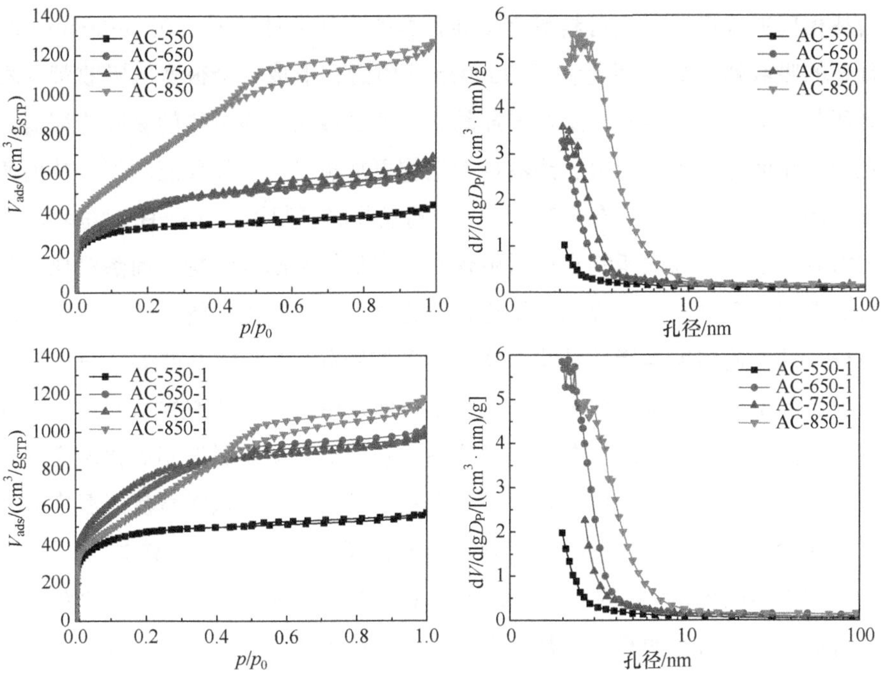

图 3-8　不同温度所制炭材料的等温吸附和孔径分布

造成部分开孔塌陷，介孔数量下降。综上所述，可得出热溶预处理在不同温度均可促进活性炭的进一步开孔，开孔的分布与温度有重要的关联性。

表 3-6　不同温度所制炭材料的结构性质

样品	S_{BET}/（m^2/g）	S_{mic}/（m^2/g）	S_{ext}/（m^2/g）	V_t/（cm^3/g）	V_{mic}/（cm^3/g）	V_{mic}/V_t	D_{ave}/nm
AC-550	1206	1035	171	0.68	0.44	0.65	2.26
AC-550-1	1730	1501	229	0.88	0.64	0.73	2.04
AC-650	1545	1103	442	0.98	0.51	0.52	2.53
AC-650-1	2497	1049	1448	1.57	0.48	0.31	2.52
AC-750	1493	623	870	1.06	0.28	0.26	2.84
AC-750-1	2652	1853	799	1.53	0.86	0.56	2.30
AC-850	2596	0	2596	1.96	0	0	3.02
AC-850-1	2340	0	2340	1.82	0	0	3.12

不同温度所制炭材料的红外光谱见图 3-9。从图 3-9 中可以看到，大同煤和热溶煤在不同温度制备的炭材料的红外图谱中并没有出现新的吸收峰，也就是说

二者在相同的温度所制炭材料具有相同种类的表面活性基团。在 3400cm^{-1} 左右出现宽的吸收峰，峰底部延续至 3000cm^{-1} 附近，形成一个很宽的吸收带，表明二者所制的炭材料中含有一定量的羟基。而热溶煤所制炭材料的吸收峰减弱，说明在炭化和活化过程中，由于热溶煤的结构更加疏松，导致反应剧烈，从而使得所含羟基数量大量减少。在 2970cm^{-1} 处的吸收峰可归属于 C—H 对称和不对称伸缩振动，表明大同煤所制炭材料中含有一定量的脂肪族结构。而热溶煤所制炭材料的吸收峰几乎消失，说明在炭化和活化过程中，热溶煤的炭化和活化反应更加充分，从而使得所含脂肪结构基本上全部被脱除。1300～900cm^{-1} 可归属于醇类和酚类的 C—O 单键伸缩振动，以及 O—H 弯曲振动，所有炭材料样品的红外谱图中均能发现该谱峰的存在。但是该峰的强度随着炭化温度和活化温度的升高而下降。这表明热溶煤炭材料表面的醇类和酚类官能团含量随着反应温度的增加而不断下降，这可能与热溶煤的结构疏松，反应进一步加强有关。一般地，1719cm^{-1} 和 1660cm^{-1} 处的吸收峰归属于 C═O 和 O—H 伸缩振动，为羧基官能团的特征峰。而所有的炭材料样品中均没有该位置的吸收峰出现，表明所制备的炭材料中并没有羧基官能团。可能是因为煤中大部分的羧基官能团在活化和炭化过程中发生了分解或者与 KOH 发生反应，使得羧酸类含氧官能团在所制备的炭材料中基本没有残留。在 600～500cm^{-1}、1100～1000cm^{-1} 和 3700～3600cm^{-1} 处的吸收峰归属于矿物质的特征峰，而所有的炭材料样品中均没有该位置的吸收峰出现，表明炭材料在制备过程中被盐酸洗脱，导致原材料中矿物质被大部分脱除。

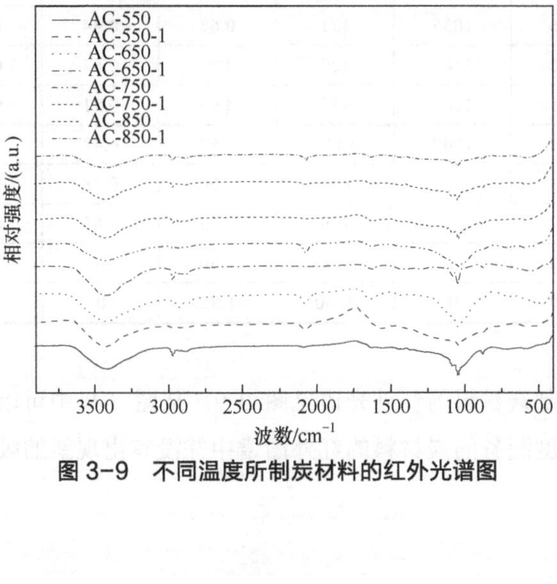

图 3-9　不同温度所制炭材料的红外光谱图

图 3-10 是大同煤和热溶煤所制炭材料的 XRD 分析。一般认为炭材料的 XRD 衍射峰在 26°和 44°，分别对应 C(002)和 C(101)晶面，而两个衍射峰的强度或者面积比反映了炭石墨层的有序度，比值越低，结构越有序。表 3-7 所示为热溶提质前后煤样所制备炭材料的两个 XRD 衍射峰强度比［C(101)/C(002)］。可知除 AC-750 炭材料外，随着炭化温度的升高，煤制炭材料具有更高的 C(101)/C(002)，表明其具有更低的石墨化程度，结构更加无序。热溶处理后煤所制备炭材料，随着炭化温度的升高，AC-750-1 和 AC-650-1 的 C(101)/C(002)反而下降，表明其具有更高的石墨化程度，结构更加有序。与之相对应，从表 3-6 中可以看到，AC-750 炭材料的比表面积较大同煤在其他温度所制炭材料的比表面积发生了下降，而热溶煤所制炭材料的比表面积除 AC-850-1 外都呈现出上升的趋势。因此，AC-750、AC-750-1 和 AC-650-1 炭材料可能是具有更高曲率的石墨烯层[45,46]。同时从表 3-7 中可以看到，［C(101)/C(002)］随着炭化温度的增加而升高，表明炭材料的石墨化程度随着炭化温度的增加而降低。另外炭材料的结构越无序，其比表面积越大，如 AC-750、AC-750-1 等。

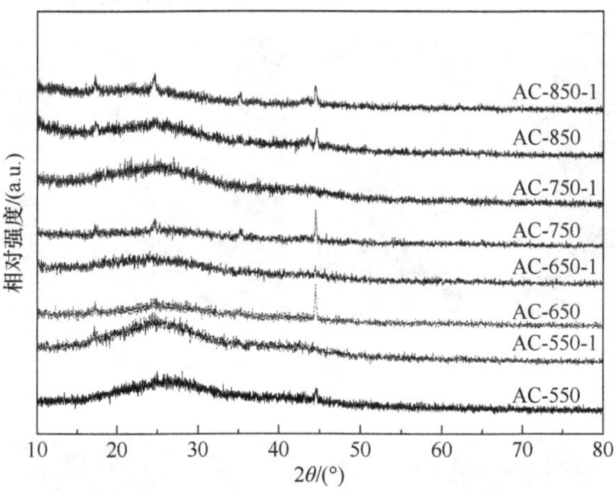

图 3-10 大同长焰煤和热溶煤所制炭材料的 XRD 分析

图 3-11 和图 3-12 分别是大同煤和热溶煤在不同炭化温度所制备炭材料的 SEM 分析。从图 3-11 中可以看到，AC-550 中有微孔结构和少量的介孔，AC-650 不仅有新的微孔生成，且部分微孔随着炭化温度的升高，逐渐转变为介孔或大孔。而 AC-750 和 AC-850 除有大量新的介孔和大孔生成外，还可以发现一定数量透明的有更高曲率的石墨烯层的出现，这与 XRD 的检测结果相一致。从

图 3-12 中可以看到，AC-550-1 较 AC-550 有更多的微孔和介孔生成，而 AC-650-1、AC-750-1 和 AC-850-1 不仅有大量新的微孔和介孔生成，且可以发现更多的更高曲率的石墨烯层，这与 XRD 的检测结果相一致。

表 3-7　热溶提质前后煤所制备炭材料的 XRD 衍射峰强度比

样品	AC-550	AC-550-1	AC-650	AC-650-1	AC-750	AC-750-1	AC-850	AC-850-1
C(101)/C(002)	0.52	0.51	0.54	0.47	0.45	0.47	0.54	0.54

(a) AC-550　(b) AC-650　(c) AC-750　(d) AC-850

图 3-11　不同煤基炭材料 SEM 图

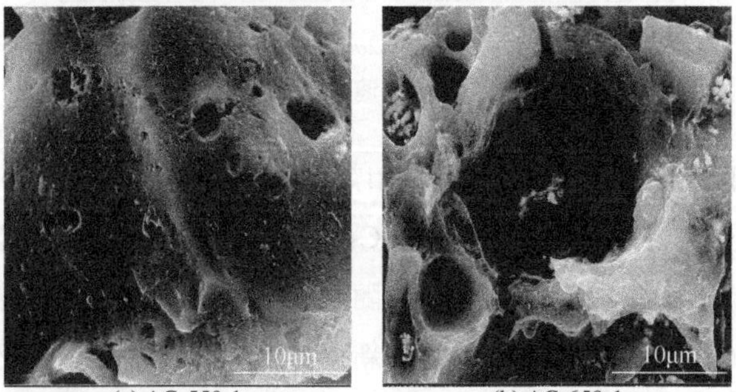

(a) AC-550-1　(b) AC-650-1

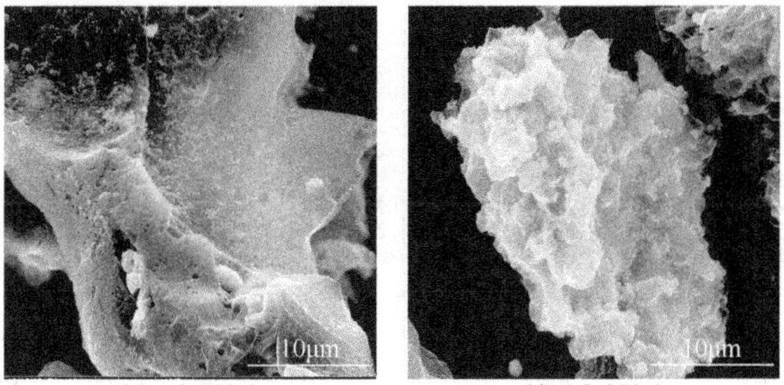

(c) AC-750-1　　(d) AC-850-1

图 3-12　不同热溶煤基炭材料 SEM 图

3.3.2　热溶处理对不同活化温度炭材料催化裂解煤层气制氢的影响

大同煤的热溶预处理不仅改变了最终煤基炭材料的表面官能团含量、类型以及微晶结构，同时也对炭材料的比表面积和孔结构产生了很大影响。这些性质的改变势必会影响炭材料催化煤层气裂解制氢的性能。

图 3-13 为热溶预处理对不同温度制备的炭材料催化裂解煤层气转化率和氢产率的影响。AC-550 较 AC-650、AC-750 和 AC-850 具有最高的初始煤层气转化率，之后呈现持续下降的趋势，AC-550 具有最高的初始催化活性，这可能与其具有较高浓度的表面含氧官能团有关。AC-750 和 AC-850 存在相对稳定的反应阶段（称为“亚稳态阶段”），两者相比后者稳定的反应阶段持续时间更久，但整体的煤层气转化率前者更高。当时间超过 350min 时，AC-750 催化煤层气的转化率开始下降，而 AC-850 呈现出良好的稳定性，这可能是 AC-850 具有较多的介孔结构所导致的。热溶处理后的煤在不同温度所制炭材料的催化活性和稳定性都明显高于未热溶处理煤在不同温度所制炭材料。这可能与热溶处理后不同温度所制炭材料的比表面积增加有关。AC-550-1 较 AC-650-1、AC-750-1 和 AC-850-1 具有最高的初始煤层气转化率，之后呈现持续下降的趋势。只有 AC-750-1 和 AC-850-1 存在相对稳定的反应阶段（称为“亚稳态阶段”），两者相比后者稳定的反应阶段持续时间更久，但整体的煤层气转化率前者更高。AC-650-1 和 AC-750-1 较 AC-650 和 AC-750 的煤层气转化率提高幅度较大，这可能与 AC-650-1 和 AC-750-1 炭材料的比表面积增加幅度较大有关。而 AC-650-1 和 AC-750-1 的煤层气转化率在 200min 后出现了较快的下降，这可能是所增加的比表面积主要以微孔为主造成的。氢产率表现出与煤层气转化率相似的

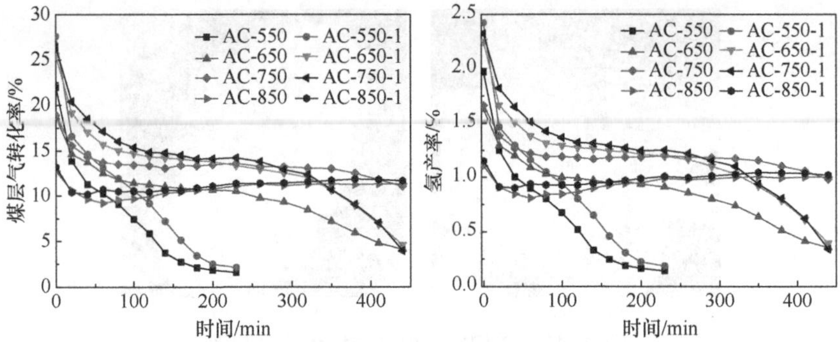

图 3-13 热溶预处理对不同温度制备炭材料催化裂解煤层气转化率和氢产率的影响

时间依赖性。这是因为炭材料催化煤层气裂解过程中，绝大部分转化的煤层气均裂解生成氢气和固体炭，只有极少量的乙烷或乙烯生成。氢气的选择性在实验的反应时间内都大于 98%，因而不再讨论氢气选择性的变化以及乙烷和乙烯的产率。

图 3-14 为大同煤及热溶煤在不同温度所制炭材料催化煤层气裂解制氢之后的 SEM 照片。从图 3-14 中可以看出，煤在不同温度所制炭材料催化煤层气裂解制氢之后，在 AC-550、AC-650 和 AC-750 表面出现了一定数量的章鱼状碳纤维，而在 AC-850 表面则出现了大量的碳纤维。与之相对应的 AC-550-1、AC-650-1 和 AC-750-1 表面出现了大量的碳纤维，而在 AC-850-1 中则出现了少量的章鱼状碳纤维。一般来说，在煤层气裂解制氢反应过程中，金属催化剂表面会形成碳纤维，其主要原因是金属颗粒反应前后表面显著的炭浓度梯度形成的推动力使

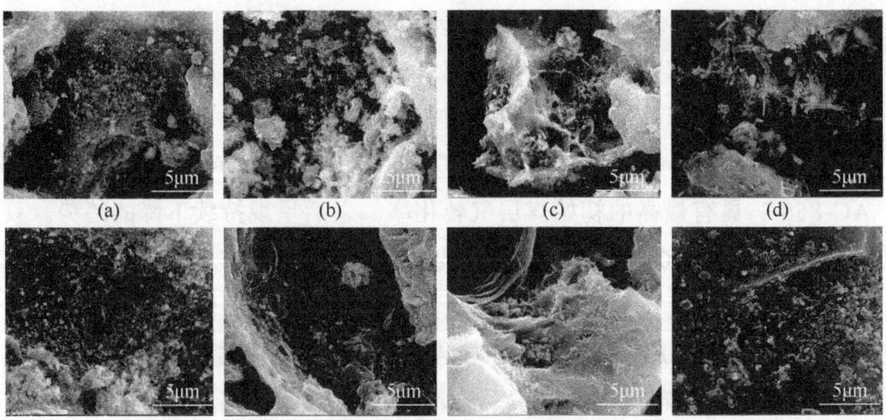

图 3-14 不同炭材料催化煤层气裂解反应之后的 SEM 图

（a）～（d）大同煤制炭材料反应之后；（e）～（h）热溶煤制炭材料反应之后

积炭呈纤维状生长[47,48]。然而，很少有报道发现炭材料催化煤层气裂解反应时表面形成纤维状积炭。一些研究认为炭中残存的矿物质（一般含量在 1%～12%）并不能导致纤维状积炭的形成[48,49]。Zhang 等[50,51]认为炭材料表面较低浓度的含氧官能团在碳纤维的形成过程中起到了关键的作用。由前述可知，大同煤经过热溶提质之后在不同温度所制炭材料的含氧官能团数量减少，因此导致 AC-550-1、AC-650-1 和 AC-750-1 表面产生了更多的碳纤维。而 AC-850-1 由于炭化过程中反应过量，导致开孔孔径加大，较 AC-850 表面产生的碳纤维数量少。

本章通过对温和超临界热溶-炭化耦合工艺中主要影响因素，如热溶参数、炭化参数等的研究，获得了该工艺的最优操作条件和炭化反应机理。结果表明，温和超临界热溶-炭化耦合工艺主要依靠超临界溶剂的溶解性将大部分小分子从煤的主体结构中分离出来，并通过简单的蒸馏工艺即可分离出热溶油和热溶煤。该过程并未对煤的大分子结构造成大的破坏，所得热溶油含有大量的脂肪族及芳香族化合物（2～4 环），可通过精馏、加氢等成熟工艺生产更高级的液体燃料和化学品，如汽油、柴油等燃料油，进一步缓解因燃料油短缺带来的国家安全问题。由于热溶煤只含有少量的挥发分而导致后续碱式炭化反应所生成的挥发物极大地减少，这将省去其他炭化工艺设置挥发物冷却和净化装置的步骤，极大地减少了企业的投入，并且实现了制备高比表面积和介孔活性炭材料的目的。原位热解双电离源飞行时间质谱的研究表明，KOH 活化法制备大同煤基活性炭的活化机理为，随着活化温度的升高，KOH 主要与大同煤大分子结构中的含氧官能团、烯烃键和侧链发生较多的活化反应，形成大量的微孔、中孔以及进一步扩展为大孔结构。而芳香烃则由于结构稳定，不易与 KOH 发生反应，当活化温度达到 750℃以后，反应中形成的钾蒸气将会在炭基体的微晶片层间穿行，撑开芳香片层使其发生扭曲或变形，也创造出部分新的孔隙。利用温和超临界热溶-炭化耦合技术不仅可以得到一定数量的热溶油，同时热溶煤还可以在中低温条件下制备出比表面积高的活性炭，该炭材料可以作为吸附剂应用于有机废水处理和煤层气催化裂解制氢。大同煤和热溶煤在不同温度所制炭材料性质以及催化煤层气裂解制氢的对比研究结果表明，AC-850 和 AC-850-1 在煤层气裂解制氢过程中均表现出最好的反应稳定性，而 AC-550-1 表现出最高的初始反应活性。热溶提质导致所制炭材料表面含氧官能团数量减少，比表面积和介孔数量增加。热溶煤所制炭材料较大同煤所制炭材料表现出更高的催化活性。热溶煤所制炭材料（除

AC-850-1 外）较大同煤所制活性炭催化煤层气裂解制氢后在表面出现了更多的碳纤维。

参考文献

[1] 王建国, 赵晓红. 低阶煤清洁高效梯级利用关键技术与示范[J]. 中国科学院战略性先导科技专项, 2012, 27(3): 382-385.

[2] 王文文. 胜利褐煤的热溶及其热溶物的加氢液化研究[D]. 马鞍山: 安徽工业大学, 2013.

[3] 石智杰, 张胜振, 史士东, 等. 煤的溶剂热萃取研究进展[J]. 转化利用, 2009, 15(1): 55-58.

[4] 邢伟, 张明杰, 阎子峰. 超级活性炭的合成及活化反应机理[J]. 物理化学学报, 2002, 18(4): 340-345.

[5] 何学坤. 两种低阶煤温和溶剂抽提的实验研究[D]. 青岛: 中国石油大学(华东), 2013.

[6] Li X, Ashida R, Makino M, et al. Enhancement of gasification reactivity of low-rank coal through high-temperature solvent treatment[J]. Energy & Fuels, 2014, 28(9): 5690-5695.

[7] 蔡颋. 低阶煤热溶剂萃取残渣制备介孔炭的研究[D]. 武汉: 华中科技大学, 2015.

[8] Kinoshita H, Siida Y, Kawakubo T, et al. Electroanalysis of NADH using a new electrode prepared from plastic formed carbon[J]. Microchemical Journal, 1994, 49(2-3): 226-234.

[9] Zhao L, Fan L Z, Zhou M Q, et al. Nitrogen-containing hydrothermal carbons with superior performance in supercapacitors[J]. Advanced Materials, 2010, 45(22): 5202-5206.

[10] Lillo-Rodenas C A. Understanding chemical reactions between carbons and NaOH and KOH an insight into the chemical activation mechanism[J]. Carbon, 2003, 41(2): 267-275.

[11] 陈再华, 王正郁. 一种用生物质材料为原料的极性电极用活性炭的制造方法[P]. CN 200810121556.0. 2009-05-06.

[12] 邢宝林, 谌伦建, 张传祥, 等. 中低温活化条件下超级电容器用活性炭的制备与表征[J]. 煤炭学报, 2011, 36 (7): 1200-1205.

[13] 王月红, 郭立稳, 张九零. 开滦煤显微组分结构特征与吸附 CO 的关系[J]. 辽宁工程技术大学学报(自然科学版), 2010, 29(3): 373-376.

[14] 张文辉, 李书容, 陈鹏, 等. 太西无烟煤镜质组、丝质组制备活性炭试验研究[J]. 新型炭材料, 2000, 15 (2): 61-64.

[15] 张文辉, 李书荣, 陈鹏. 大同烟煤镜质组、惰质组制备活性炭的试验研究[J].

煤炭学报, 2000, 25(3): 299-302.
[16] 张文辉, 李书荣, 王岭. 金属化合物对煤岩显微组分所制活性炭吸附性能的影响[J]. 新型炭材料, 2005, 20 (1): 63-66.
[17] Teng H, Wang S C. Preparation of porous carbons from phenol-formaldehyde resins with chemical and physical activation[J]. Carbon, 2000, 38(6): 817-824.
[18] Kubota M, Hata A, Matsuda H. Preparation of activated carbon from phenolic resin by KOH chemical activation under microwave heating[J]. Carbon, 2009, 47 (12): 2805-2811.
[19] Wu F C, Wu P H, Tseng R L, et al. Preparation of activated carbons from unburnt coal in bottom ash with KOH activation for liquid-phase adsorption[J]. Journal of Environment Management, 2010, 91 (5): 1097-1102.
[20] 谌伦建, 邢宝林, 马亚芬, 等. 氨解改性煤基活性炭电极材料的电化学性能[J]. 中国矿业大学学报, 2013, 42 (3): 450-460.
[21] Kawano T, Kubota M, Onyango M, et al. Preparation of activated carbon from petroleum coke by KOH chemical activation for adsorption heat pump[J]. Applied Thermal Engineering, 2008, 28 (8): 865-871.
[22] Abdelhakim E, Zulamita Z B, Francisco C M, et al. Activated carbons from KOH-activation of argan (Argania spinosa) seed shells as supercapacitor electrodes[J]. Bioresource Technology, 2012, 111: 185-190.
[23] 张传祥. 煤基活性炭的制备及其电化学性能研究[D]. 上海: 华东理工大学, 2008.
[24] 贾继真, 张慧荣, 潘子鹏, 等. 煤基活性炭比表面积与碘吸附值相关性研究[J]. 洁净煤技术, 2018, 24 (3): 57-61.
[25] 孔佳, 林柏泉, 朱传杰, 等. 改性煤基活性炭表面形貌及孔隙结构特性[J]. 煤炭技术, 2016, 35 (8): 191-193.
[26] 邢宝林, 谌伦建, 张传祥, 等. KOH 活化法制备褐煤基活性炭的活化机理研究[J]. 中国矿业大学学报, 2014, 43 (6): 1038-1045.
[27] Dincer I, Acar C. Review and evaluation of hydrogen production methods for better sustainability[J]. Int J Hydrogen Energy, 2015, 40: 11094-11111.
[28] Upham D C, Agarwal V, Khechfe A, et al. Catalytic molten metals for the direct conversion of methane to hydrogen and separable carbon[J]. Science, 2017, 358: 917-921.
[29] Torres D, de Llobet S, Pinilla J L, et al. Hydrogen production by catalytic decomposition of methane using a Fe-based catalyst in a fluidized bed reactor[J]. J Nat Gas Chem, 2012, 21: 367-373.
[30] Ermakova M A, Ermakov D Y. Ni/SiO_2 and Fe/SiO_2 catalysts for production of hydrogen and filamentous carbon via methane decomposition[J]. Catal Today, 2002, 77: 225-235.
[31] Wang G W, Jin Y, Liu G J, et al. Production of hydrogen and nanocarbon from catalytic decomposition of methane over a Ni-Fe/Al_2O_3 catalyst[J].

Energy Fuels, 2013, 27: 4448-4456.
[32] Awadallah A E, Aboul-Enein A A, Aboul-Gheit A K. Impact of group Ⅵ metals addition to Co/MgO catalyst for nonoxidative decomposition of methane into CO_x-free hydrogen and carbon nanotubes[J]. Fuel, 2014, 129: 27-36.
[33] Tapia-Parada K, Valverde-Aguilar G, Mantilla A, et al. Synthesis and characterization of Ni/Ce-SiO_2 and Co/Ce-TiO_2 catalysts for methane decomposition[J]. Fuel, 2013, 110: 70-75.
[34] Jana P, de la Pena O'Shea V A, Coronado J M, et al. Cobalt based catalysts prepared by Pechini method for CO_2-free hydrogen production by methane decomposition[J]. Int J Hydrogen Energy, 2010, 35: 10285-10294.
[35] Italiano G, Delia A, Espro C, et al. Methane decomposition over Co thin layer supported catalysts to produce hydrogen for fuel cell[J]. Int J Hydrogen Energy, 2010, 35: 11568-11575.
[36] Pudukudy M, Yaakob Z. Methane decomposition over Ni, Co and Fe based monometallic catalysts supported on sol gel derived SiO_2 microflakes[J]. Chem Eng J, 2015, 262: 1009-1021.
[37] Li Y, Li D, Wang G. Methane decomposition to CO_x-free hydrogen and nano-carbon material on group 8-10 base metal catalysts: a review[J]. Catal Today, 2011, 162: 1-48.
[38] Lua A C, Wang H Y. Decomposition of methane over unsupported porous nickel and alloy catalyst[J]. Appl Catal B Environ, 2013, 132-133: 469-478.
[39] Nuernberg G D B, Foletto E L, Campos C E M, et al. Direct decomposition of methane over Ni catalyst supported in magnesium aluminate[J]. J Power Sources, 2012, 208: 409-414.
[40] Serrano D P, Botas J A, Fierro J L G, et al. Hydrogen production by methane decomposition: origin of the catalytic activity of carbon materials[J]. Fuel, 2010, 89: 1241-1248.
[41] Serrano D P, Botas J Á, Pizarro P, et al. Kinetic and autocatalytic effects during the hydrogen production by methane decomposition over carbonaceous catalysts[J]. Int J Hydrogen Energy, 2013, 38: 5671-5683.
[42] Muradov N. Catalysis of methane decomposition over elemental carbon[J]. Catal Commun, 2001, 2: 89-94.
[43] Wei L, Tan Y S, Han Y Z, et al. Hydrogen production by methane cracking over different coal chars[J]. Fuel, 2011, 90: 3473-3479.
[44] Bai Z Q, Chen H K, Li W, et al. Hydrogen production by methane decomposition over coal char[J]. Int J Hydrogen Energy, 2006, 31: 899-905.
[45] Moliner R, Suelves I, Lázaro M J, et al. Thermocatalytic decomposition of methane over activated carbons: influence of textural properties and surface chemistry[J]. Int J Hydrogen Energy, 2005, 30: 293-300.
[46] Lee E K, Lee S Y, Han G Y, et al. Catalytic decomposition of methane over

carbon blacks for CO_2-free hydrogen production[J]. Carbon, 2004, 42: 2641-2648.
[47] Abbas H F, Daud W M A W. Hydrogen production by methane decomposition: a review[J]. International Journal of Hydrogen Energy, 2010, 35(3): 1160-1190.
[48] Ermakova M A, Ermakov D Y, Chuvilin A L, et al. Decomposition of methane over iron catalysts at the range of moderate temperatures: The influence of structure of the catalytic systems and the reaction conditions on the yield of carbon and morphology of carbon filaments[J]. Journal of Catalysis, 2001, 201(2): 183-197.
[49] Muradov N, Franklyn S, T-Raissi A. Catalytic activity of carbons for methane decomposition reaction[J]. Catalysis Today, 2005, 102-103: 225-233.
[50] 张建波. 煤直接液化残渣基炭材料的制备及应用[D]. 大连: 大连理工大学, 2013.
[51] Zhang J, Jin L, Li Y, et al. Hierarchical porous carbon catalyst for simultaneous preparation of hydrogen and fibrous carbon by catalytic methane decomposition[J]. International Journal of Hydrogen Energy, 2013, 38(21): 8732-8740.

第4章 矿物质对煤基炭材料及其催化裂解煤层气制氢的影响

氢气是一种主要应用于石油行业加氢提质和工业氨合成的物质，因其清洁和环境友好而备受各国的关注[1]。与传统广泛使用的化石能源相比，氢气的能质比是最高的，高达 142.82kJ/g，而煤的能质比大约为 20.33kJ/g，汽油为 54.37kJ/g，甲烷为 55.64kJ/g[2-4]。因此氢气被作为能源直接使用技术的开发越来越受到各国的关注，这势必导致氢气需求量呈现出逐年递增的趋势[5]。近几年，世界每年对氢气的需求量大约为 10Gt，而供给量却只有 0.1Gt，这就要求必须将现有产能扩大 100 倍才能满足当前的需求[6]。目前，大部分氢气主要通过化石燃料的水蒸气重整来生产，但是这一过程往往会有大量的温室气体——二氧化碳伴生[7]。甲烷催化裂解制氢技术（CMD）在生产过程中只产生氢气和纳米碳而不会生成二氧化碳，这使得该技术备受国内外学者的关注[8,9]。在 CMD 工艺中，甲烷直接裂解反应发生所需要的温度高于 1573K，这就要求开发各种合适的催化剂以便降低反应温度和提高反应效率。目前，各种金属和炭催化剂已经被开发并应用于甲烷催化裂解制氢（CMD）研究[10,11]，结果表明在一定的工艺条件下，甲烷通过催化裂解反应可以获得高转化率和氢产率。一般来说，在 CMD 工艺中使用金属催化剂（诸如 Ni[12-14]、Co[15-17]、Fe[18,19]、Pd[20]等）可以获得较高的氢产率和较多的纳米碳材料（例如碳纳米纤维和碳纳米管）。然而因其极易受碳沉积和原料气中硫等有害杂质的破坏而快速失活，从而限制了该类型催化剂的商业推广与应用[21]。

炭催化剂因其具有高的比表面积、孔容、抗硫性、温度抵抗性和低的生产成本而成为最有可能替代金属催化剂的一类材料[22-26]。这类催化剂中最受关注的是活性炭（AC）和炭黑两种。在 CMD 工艺中，AC 具有较差的稳定性和高的初始反应活性，而炭黑却具有好的稳定性和低的初始反应活性[22,23]。一些学者的研究结果表明炭催化剂在 CMD 工艺中的活性主要依赖于其表面化学性质和晶体结构[27-29]。Suelves 等[27]的研究结果表明甲烷裂解的初始活性主要与催化剂表面的含氧官能团浓度成正比。Shilapuram 等[30]研究了模板法所制有序介孔材料 CMK-3 和脱模法所制有序介孔材料 DUT-19 催化甲烷裂解制氢的效果，结果表明具有更高比表面积和孔容的 DUT-19 较 CMK-3 表现出了更高的催化活性。然而，传统方法制备的炭催化剂虽然具有高的稳定性，但其转化率却较低。模板法制备的炭催化剂虽然孔径分布可控，但其成本却较高。上述这些结果导致炭催化剂要想实现商业化仍需不断地采用一些新的方法和技术去改良和优化[31]。目前，关于炭催化剂的改进和优化研究主要集中在两个方面：①利用低成本原料（如低阶煤、生物质、液化残渣等）并采用最简以及最优的方法制备分级多孔碳，从而降低催化剂的生产成本[32,33]；②通过在碳源表面上原位担载高活性金属元素，从而制备金属/炭材料复合催化剂，提高甲烷裂解制氢的转化率[34,35]。然而，上述两方面改进的结果表明，第一种虽然降低了催化剂的生产成本但其转化率提高却并不明显；第二种虽然提高了催化剂的转化率但其稳定性的改善却有限。因此要实现 CMD 技术的工业化仍需不断地降低催化剂的生产成本和提高催化剂的稳定性。

Zhang 等[36-38]报道了一种简单的分级多孔活性炭制备方法。该方法以煤直接液化的残渣为碳源，在 KOH 活化过程中额外添加了一定数量的矿物质成分，从而实现了一步法制备高介孔率和高催化性能的 AC。该方法具有两方面的优点：①当使用硝酸盐类作为添加剂时，硝酸盐受热分解释放的 NO_x 气体可以调节炭材料的孔道，而剩余的金属氧化物可以留在孔道内充当模板。当模板被稀盐酸洗涤移除后，也会进一步增加炭材料孔道的数量。②一部分金属氧化物可以与炭在高温发生还原反应，从而实现了金属氧化物的原位还原，直接制备出掺杂金属单质的炭材料，省去了传统金属催化剂在制备过程需要单独设置氢气还原反应的过程。Lin 等[39]研究了在煤中添加不同比例 $Ca(NO_3)_2$ 对 KOH 化学法所制活性炭表面化学性质和晶体结构的影响，并将该活性炭应用于 CMD 工艺。结果表明添加的 $Ca(NO_3)_2$ 可以有效地改善活性炭的比表面积和孔径分布以及晶体结构，从而提高其催化甲烷裂解制氢的转化率。添加的 $Ca(NO_3)_2$ 在活性炭制备过程中的作用机理可能有两方面：①钙元素通过促进煤的热解[40-42]，从而促进孔的进一步形成和扩大；② $Ca(NO_3)_2$ 受热分解会产生一定量的气体，从而扩大孔的形成。为了更加深入地探究添加 $Ca(NO_3)_2$ 在活性炭制备过程中的作用机理，有必要选择一种在受热分解时不会产生气体的添加剂，从而进一步阐释清楚 $Ca(NO_3)_2$ 在 AC 制备过程中两方面的作用机理到底哪一方面更占优。因此，本章选择以 $Ca(OH)_2$ 为钙源，大同长焰煤为碳源，KOH 活化法制备 AC。不同比例添加剂对所制 AC 的表面化学和晶体结构的影响以及其作为催化剂在煤层气裂解制氢工艺中的表现都被详细的研究。另外，作为煤中含量较高的矿物质，且对煤热解具有催化作用[43,44]的另一类碱金属 MgO 的作用尚未见报道。因此，本章也选择以 $Mg(NO_3)_2$ 作为添加剂，大同长焰煤为碳源，KOH 活化法制备了新型炭材料 *x*Mg-AC。不同比例的添加剂对所制炭材料的表面化学和晶体结构的影响及其作为催化剂在煤层气裂解制氢工艺中的表现都被详细的研究。

4.1 添加 $Ca(OH)_2$ 对所制炭材料结构及其催化裂解煤层气的影响

4.1.1 添加 $Ca(OH)_2$ 对所制炭材料结构的影响

煤添加 $Ca(OH)_2$ 所制炭材料被记为 *x*Ca-AC，其中，*x* 表示在炭化之前，所添加的钙与煤的质量比，即 *x*=Ca 的质量/煤的质量×100%，与之相对应，添加不同比例 $Ca(OH)_2$ 与煤的混合物被记为 *x*Ca-DT。$Ca(OH)_2$、大同长焰煤（DT）和不同质量 $Ca(OH)_2$ 与 DT 的混合样品（*x*Ca-DT）的 TG 与 DTG 曲线分别如图 4-1（a）和（b）所示。从图 4-1 中可以看到，*x*Ca-DT 的失重和失重速率变化趋势与 DT 相比，发生了不同程度的变化，表明添加 $Ca(OH)_2$ 可以改变煤样的热解特性。DT 的失重速率峰主要有三个，两个在 380℃和 448℃左右，这两处归结为煤的一次热分解。另一个在 650℃左右，这一处归结为煤的二次热解或矿物质的分解。当添加 $Ca(OH)_2$ 后，煤样在 380℃和 448℃左右的失重量随着 $Ca(OH)_2$ 添加量的增加而增加，这可能是因为 $Ca(OH)_2$ 裂解并释放水蒸气而引起的。另外，煤样在 650℃左右的二次热解或煤本身矿物质的分解可引起煤样的少量失重。当添加 $Ca(OH)_2$ 后，煤样的失重量随着 $Ca(OH)_2$ 添加量的增加而增加。这可能是因为 $Ca(OH)_2$ 分解产生的氧化钙在受热过程中与煤发生反应进一步促进了煤的二次热解，从而降低了半焦和焦油的形成，使热解过程产生了更多的气体[45]。

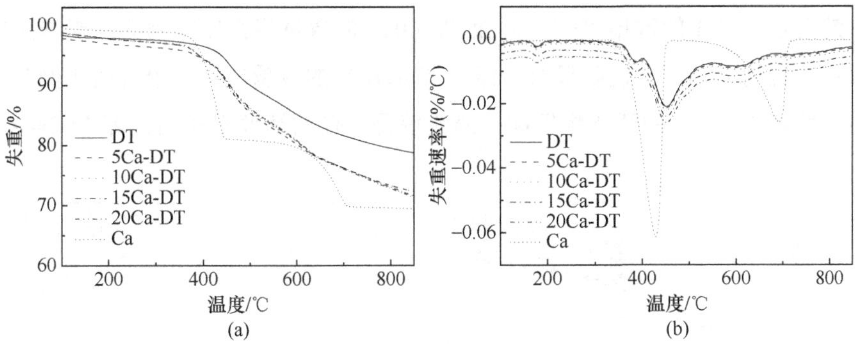

图 4-1 *x*Ca-DT 和 DT 的 TG 和 DTG 曲线

添加不同质量与未添加 $Ca(OH)_2$ 所制活性炭的孔结构性质如表 4-1 所示。从表 4-1 可以看出，当添加 $Ca(OH)_2$ 的质量小于 10%时，活性炭的表面积有轻微的下降。而当添加 $Ca(OH)_2$ 的质量大于 10%时，活性炭的表面积最大达到了 2907m²/g，之后又下降到 2670m²/g。添加的 $Ca(OH)_2$ 使得所制活性炭的孔容整体呈现出增加的趋势，最大增加到了 2.34cm³/g。这些表明 $Ca(OH)_2$ 的加入有利于介孔和孔容的进一步发展，从而促使炭材料的比表面积和孔容进一步增大。

表 4-1 *x*Ca-AC 和 AC 的孔结构和微晶结构性质

样品	S_{BET}/(m²/g)	S_{mic}/(m²/g)	S_{ext}/(m²/g)	V_t/(cm³/g)	V_{mic}/(cm³/g)	V_{mic}/V_t	D_{ave}/nm	C(101)/C(002)①
AC	2596	0	2596	1.96	0	0	3.02	0.54
5Ca-AC	2485	0	2485	2.28	0	0	3.67	0.34
10Ca-AC	2447	0	2447	2.07	0	0	3.38	1.07
15Ca-AC	2907	0	2907	2.34	0	0	3.22	0.38
20Ca-AC	2670	0	2670	2.24	0	0	3.36	0.99

① 数据通过 XRD 计算得出。

添加不同质量与未添加 $Ca(OH)_2$ 所制活性炭的吸附-脱附等温线和孔分布曲线如图 4-2 所示。从图 4-2（a）中可以看到，所制活性炭的氮吸附-脱附等温线均呈现出明显的迟滞回线，均为Ⅳ型曲线，说明这些样品中含有大量的介孔。其中，15Ca-AC 等温线的回滞程度最为明显，表明该样品所含介孔最多。这与表 4-1 中的比表面积数据相一致。从图 4-2（b）中可以看到，所有样品的介孔主要集中在 2～4nm。由图 4-1 可知，$Ca(OH)_2$ 的添加促进了煤的二次热解，使煤的热解过程释放了更多的气体。这将有利于煤在炭化过程中介孔的形成和发展，然而从表 4-1 的数据可知，添加 $Ca(OH)_2$ 的数量将直接影响活性炭样品比表面积和孔容的大小。这说明只有当添加 $Ca(OH)_2$ 的数量达到一个合适比例时，煤的热解才能与 KOH 的活化相匹配，最终获得最佳的活性炭样品，即 15Ca-AC。

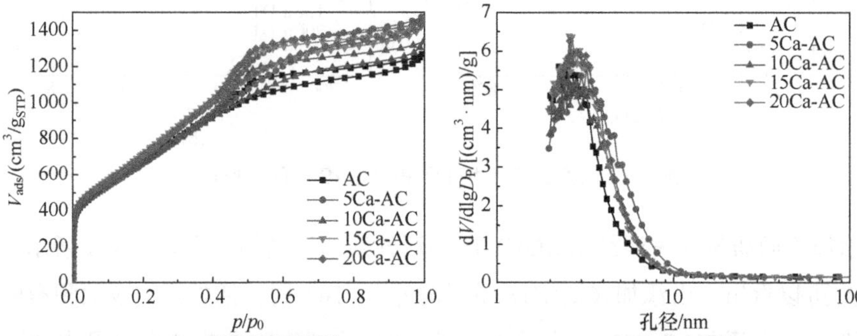

(a) N_2吸附-脱附等温线　(b) 孔分布曲线

图 4-2　xCa-AC 和 AC 的 N_2 吸附-脱附等温线和孔分布曲线

4.1.2　炭材料催化裂解煤层气性能研究

*x*Ca-AC 和 AC 催化煤层气裂解反应的转化率如图 4-3 所示。从图 4-3 可以看到，与 AC 相比，*x*Ca-AC 具有更高的初始活性和更好的稳定性。其中 20Ca-AC 的初始活性最高，而比表面积最大的 15Ca-AC 的稳定性最好。*x*Ca-AC 催化煤层气裂解转化率的变化过程为：在一开始的 30min 内急剧降低，接着一段时间内呈现缓慢下降的趋势，最后随着反应时间的不断增加呈现出快速下降并直至失活，与 Pinilla 等[46]的研究结果相似。尽管 20Ca-AC 具有最高的初始活性，但是从表 4-1 的数据可以看出活性炭的催化初始活性与其比表面积之间并没有呈现出相应的线性关系。然而活性炭的催化稳定性（本章主要通过反应中部阶段煤层气转化率的平滑性来表示）却与其比表面积的大小有直接关系，即最大比表面积的 15Ca-AC 具有最好的稳定性。由上述讨论可知，在反应初始 30min 内，煤层气转化率的快速下降与裂解反应产生的积炭堵塞了一部分孔隙结构有关，但是这一因素并不是导致其快速下降的关键原因。一些学者的研究结果认为炭材料初始催化活性的急剧下降可能与其表面含氧官能团的浓度有关[47,28]。在随后一段时间的反应内（大约 2h），孔隙内的积炭沉积使得孔道逐渐被堵塞，因而活性炭催化剂的介孔量越大则这一阶段持续时间越长，稳定性越好，越不易失活。在反

应的最后阶段，活性炭催化剂的孔容和比表面积将会减少到很小，然而 *x*Ca-AC 催化煤层气裂解反应的转化率仍在 10%左右。这说明 *x*Ca-AC 在催化煤层气裂解反应中产生的积炭可能存在一定的催化活性[48]。

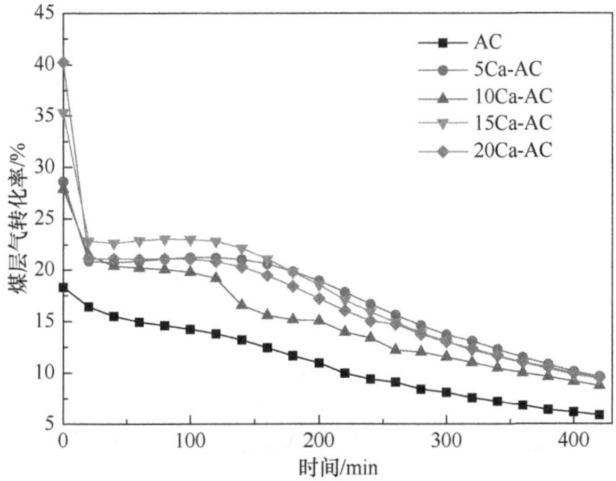

图 4-3　*x*Ca-AC 和 AC 催化煤层气裂解反应的转化率

为了进一步探讨 *x*Ca-AC 催化煤层气裂解反应初始活性高的主要原因，本节也测定了 *x*Ca-AC 和 AC 的红外光谱图（如图 4-4 所示）。从图 4-4 可以看到，在 $3400cm^{-1}$ 处的吸收峰一直延续至 $3000cm^{-1}$ 附近，形成一个宽的吸收带，归属于羟基。随着 $Ca(OH)_2$ 添加质量的增加，所制活性炭的吸收峰逐渐减弱，说明 $Ca(OH)_2$ 的加入促进了热解反应，从而使得所含羟基数量减少。在 $2970cm^{-1}$ 处的吸收峰归属于 C—H 对称和不对称伸缩振动。随着 $Ca(OH)_2$ 添加质量的增加，所制活性炭的吸收峰逐渐消失，说明 $Ca(OH)_2$ 的加入促进了热解反应，从而使得所含脂肪结构基本上全部被脱除。在 1670～$1630cm^{-1}$ 范围内的吸收峰，归属于羧酸、酸酐、内酯或者酮类的 C═O 伸缩振动[49]。随着 $Ca(OH)_2$ 添加质量的增加，所制活性炭的吸收峰逐渐增强，说明 $Ca(OH)_2$ 的加入促进了 C═O 基团的生成。在 1670～$1430cm^{-1}$ 范围内的吸收峰，归属于芳烃 C═C 的伸缩振动。随着 $Ca(OH)_2$ 添加质量的增加，所制活性炭的吸收峰逐渐增强，说明 $Ca(OH)_2$ 的加入促进了热解，从而导致活性炭芳香结构的增加。在 1316～$980cm^{-1}$ 范围内的吸收峰，归属于醇类、酚类等官能团的 C—O 伸缩振动或者 O—H 弯曲变形[50]。随着 $Ca(OH)_2$ 添加质量的增加，所制活性炭的吸收峰逐渐增强，说明 $Ca(OH)_2$ 的加入促进了 C—O 和 O—H 基团的生成。由上述讨论可知，随着 $Ca(OH)_2$ 添加质量的增加，所制活性炭的芳香化程度逐渐加强，而且活性炭表面的含氧官能团也呈现出逐渐增多的趋势。这可能是 20Ca-AC 具有较高初始反应活性的主要因素之一。

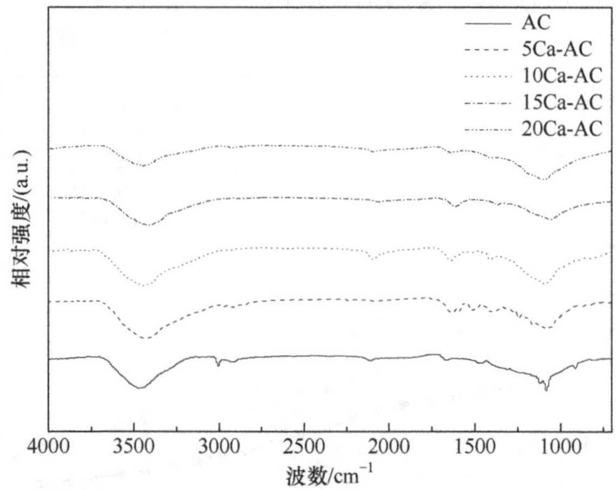

图 4-4 *x*Ca-AC 和 AC 的 FT-IR 光谱图

*x*Ca-AC 和 AC 的 XRD 分析结果如图 4-5 所示。一般认为炭材料的 XRD 衍射峰出现在 26°和 44°。它们分别与 C(002)和 C(101)晶面相对应，而两个衍射峰的强度或者面积比则可以反映出炭材料石墨层的有序度，比值越低，结构越有序。如表 4-1 所示，5Ca-AC 和 15Ca-AC 的 XRD 衍射峰强度比［C(101)/C(002)］最小，表明这两种活性炭具有较低的石墨化程度，结构也更加无序，说明它们将具有更多的表面缺陷位和更大的孔容。由图 4-3 可知，5Ca-AC 和 15Ca-AC 确实

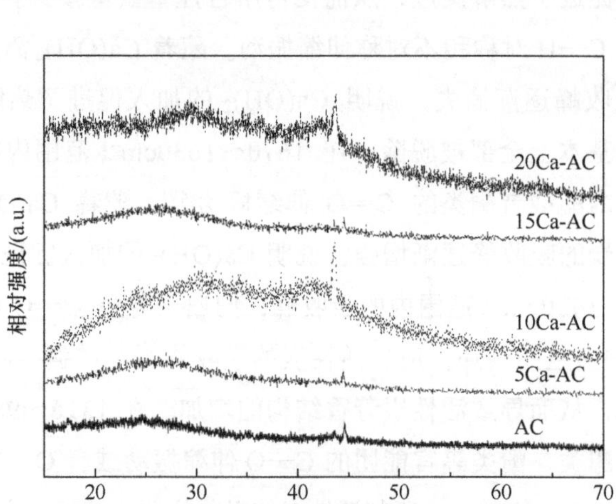

图 4-5 *x*Ca-AC 和 AC 的 XRD 谱图

表现出高的催化煤层气裂解活性和稳定性。这说明活性炭的孔容和炭结构的无序性是其能否具有较高煤层气裂解反应活性和稳定性的关键因素。添加的 $Ca(OH)_2$ 可以促进所制活性炭孔容和结构无序性的发展，最佳添加量为 15%。

*x*Ca-AC 和 AC 催化煤层气裂解反应前后的 SEM 图如图 4-6 所示。从图 4-6(a)～(d)中可以看到，随着煤中 $Ca(OH)_2$ 添加质量的增加，5Ca-AC、15Ca-AC 和 20Ca-AC 的表面更加崎岖不平。这可能是因为 $Ca(OH)_2$ 促进了煤的热分解，从而使得在煤与 KOH 和氧化钙的反应过程中消耗了更多的碳。这也是 15Ca-AC 和 20Ca-AC 具有更大表面积的一个原因。从图 4-6(e)～(h)中可以看到，当活性炭催化煤层气裂解后，AC 和 5Ca-AC 表面沉积了少量的碳纤维，20Ca-AC 表面则主要沉积了大量的团聚型积炭，而 15Ca-AC 表面出现了大量的碳纤维。一般认为，在煤层气催化裂解反应过程中，金属催化剂表面由于金属颗粒反应前后存在着的显著炭浓度梯度导致积炭的生长呈现出纤维状。一些研究结果表明，炭材料制备过程中残存于其内部的矿物质并不会导致积炭呈现出纤维状。然而，在用煤液化残渣制备的活性炭催化甲烷裂解过程中，张建波[51]研究发现积炭在炭材料表面呈现纤维状，其原理归结为炭表面在反应过程中逐渐减少的含氧官能团起到了关键作用。由图 4-4 可知，随着 $Ca(OH)_2$ 添加数量的增加，所制活性炭表面的含氧官能团增多，因而 20Ca-AC 表现出了最高的初始活性。其表面含氧官能团快速消耗和减少，然而却没有生成更多的碳纤维。这可能是由于 $Ca(OH)_2$ 添加质量太多，导致活性炭材料的孔径太大，碳纤维在形成过程中不易累积生长。而 15Ca-AC 由于含氧官能团在初期消耗较快，而且活性炭的孔径分布较优。因此在 15Ca-AC

(a) (b) (c) (d) (e) (f) (g) (h)

图 4-6 *x*Ca-AC 和 AC 的 SEM 图

(a)，(e) 反应前后的 AC；(b)，(f) 反应前后的 5Ca-AC；(c)，(g) 反应前后的 15Ca-AC；(d)，(h) 反应前后的 20Ca-AC

表面形成了大量的碳纤维，说明在煤层气裂解过程中，需要炭材料表面的含氧官能团以及孔径分布与积炭的生长速度相匹配，才能形成更多的碳纤维。

4.2 添加 $Mg(NO_3)_2$ 对所制炭材料结构及其催化裂解煤层气的影响

4.2.1 添加 $Mg(NO_3)_2$ 对所制炭材料结构的影响

煤添加 $Mg(NO_3)_2$ 所制炭材料被记为 *x*Mg-AC，其中，*x* 表示在炭化之前，所添加的镁与煤的质量比，即 *x*=Mg 的质量/煤的质量×100%，与之相对应，添加不同比例 $Mg(NO_3)_2$ 与煤的混合物被记为 *x*Mg-DT。$Mg(NO_3)_2$、大同长焰煤（DT）和不同质量 $Mg(NO_3)_2$ 与 DT 混合样品（*x*Mg-DT）的 TG 与 DTG 曲线分别如图 4-7（a）和（b）所示。从图 4-7（a）中可以看到，*x*Mg-DT 的失重和失重速率趋势与 DT 相比较，已经发生了一定的变化，表明添加 $Mg(NO_3)_2$ 可以影响 DT 的受热分解。从图 4-7（b）中可以看到，$Mg(NO_3)_2$ 的失重速率峰主要是在 448℃左右，表明 $Mg(NO_3)_2$ 在此处基本完成了全部热解。DT 的两个失重速率峰在 380℃和 448℃左右，这是煤的一次热分解，另一个在 650℃左右，这是煤的二次热解或矿物质的分解。当添加 $Mg(NO_3)_2$ 后，煤样在 380℃左右的失重量随着 $Mg(NO_3)_2$ 添加量的增加而增加，而在 448℃左右的失重峰却在减少。这可能是因为 $Mg(NO_3)_2$ 分解后的产物与煤样中的热解产物相互作用导致煤样热解提前。

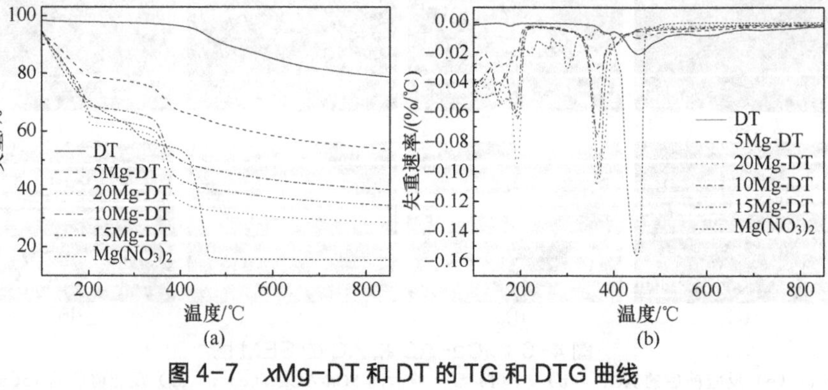

图 4-7 *x*Mg-DT 和 DT 的 TG 和 DTG 曲线

另外，煤样在 650℃左右的二次热解或煤本身矿物质的分解量随着 $Mg(NO_3)_2$ 添加量的增加改变较小，表明 $Mg(NO_3)_2$ 分解产物对煤的二次热解影响较小。

添加不同质量与未添加 $Mg(NO_3)_2$ 所制炭材料孔结构的性质，如表 4-2 所示。从表 4-2 可以看出，随着添加 $Mg(NO_3)_2$ 质量的增加，所制炭材料的比表面积呈现出下降的趋势。比表面积从 2596m²/g 下降到了 1137m²/g，而微孔孔容所占比例从 0 增加到 0.74 之后又下降到 0.26，平均孔径从 3.02nm 下降到 2.14nm 之后又上升到 3.04nm。这表明 $Mg(NO_3)_2$ 的添加量对于所制炭材料的比表面积、孔径分布和孔容有重要的影响，主要促进了炭材料所开微孔数量的增加。这可能是由于 $Mg(NO_3)_2$ 的加入主要促进了煤第一阶段的热解，导致煤的热解程度加强，从而导致所开微孔数量不断增大。而与 KOH 的过度反应则导致大量介孔孔径的继续加大，并导致部分坍塌，从而使得所制炭材料的介孔数量下降。

表 4-2　*x*Mg-AC 和 AC 的孔结构和微晶结构性质

样品	S_{BET}/(m²/g)	S_{mic}/(m²/g)	S_{ext}/(m²/g)	V_t/(cm³/g)	V_{mic}/(cm³/g)	V_{mic}/V_t	D_{ave}/nm	C(101)/C(002)①
AC	2596	0	2596	1.96	0	0	3.02	0.54
5Mg-AC	2450	448	2002	1.82	0.21	0.12	2.97	0.46
10Mg-AC	1985	1445	530	1.09	0.68	0.62	2.19	0.61
15Mg-AC	1698	1421	277	0.91	0.67	0.74	2.14	0.71
20Mg-AC	1137	459	678	0.86	0.22	0.26	3.04	0.71

① 数据通过 XRD 计算得出。

添加不同质量与未添加 $Mg(NO_3)_2$ 所制炭材料吸附-脱附的等温线和孔分布曲线如图 4-8 所示。从图 4-8（a）中可以看到，5Mg-AC 和 10Mg-AC 氮吸附-脱附等温线均呈现出明显的迟滞回线，均为Ⅳ型曲线。说明这些样品中含有较大数量的介孔，其中，10Mg-AC 等温线的回滞程度最为明显，表明该样品所含介孔最多，这与表 4-2 中的比表面积数据相一致。而 15Mg-AC 和 20Mg-AC 氮吸附-脱附等温线与横轴平行，说明这些样品中含有较多数量的微孔，这与表 4-2 的数据相一致。从图 4-8（b）中可以看到，5Mg-AC 和 10Mg-AC 的介孔主要集中在 2～4nm，而 15Mg-AC 和 20Mg-AC 的介孔主要集中在 2～8nm。这说明只有当添加 $Mg(NO_3)_2$ 的质量达到一个合适比例时，煤的热解才能与 KOH 的活化相匹配，最终获得孔径分布较好的炭材料样品，即 5Mg-AC。

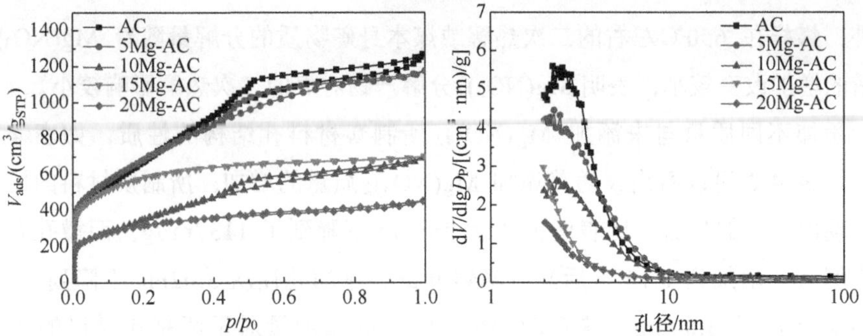

(a) 吸附-脱附等温线　　(b) 孔分布曲线

图 4-8　*x*Mg-AC 和 AC 的 N_2 吸附-脱附等温线和孔分布曲线

4.2.2　炭材料催化裂解煤层气性能研究

*x*Mg-AC 和 AC 催化煤层气裂解反应的转化率如图 4-9 所示。从图 4-9 可以看到，与 AC 相比，*x*Mg-AC 具有更高的初始活性，其中 5Mg-AC 具有最好的稳定性，15Mg-AC 的初始活性最高。所有样品在初始的 30min 内转化率急剧降低，从 30min 到 160min 一段时间内除 5Mg-AC 转化率有轻微上升外，其他样品均呈现出缓慢下降的趋势，最后随着反应时间的不断增加呈现出缓慢下降的趋势并直至反应活性稳定。虽然 15Mg-AC 具有最高的初始活性，但从表 4-2 的数据可知，15Mg-AC 的比表面积并不是最大的，说明炭材料催化煤层气的初始活性与其比表面积并不是线性的关系。然而炭材料催化煤层气的稳定性，即反应过程

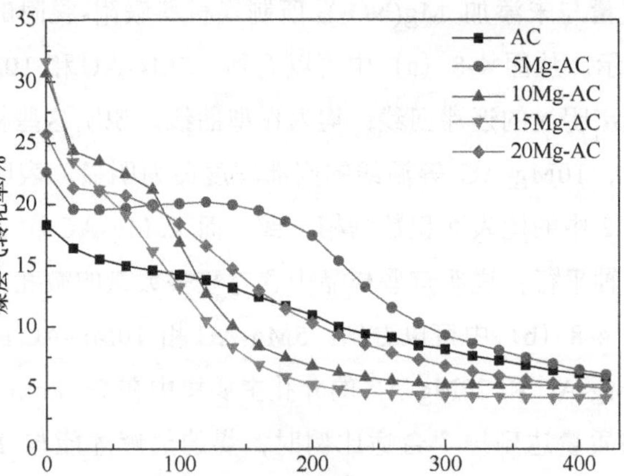

图 4-9　*x*Mg-AC 和 AC 催化煤层气裂解反应的转化率

中煤层气转化率的平滑程度，与其介孔的数量却有直接关系，即介孔数量较多的5Mg-AC和AC具有较好的稳定性。由以上论述可知，在最初的30min内，甲烷转化率出现快速下降的趋势可能主要与其表面含氧官能团的消耗有关。在后续的一段时间内（大约2.5h），反应生成的积炭不断沉积使得炭材料的孔道逐渐被堵塞，因而炭材料中的介孔数量越多则反应的稳定性越好，越不易快速失活。

为了考查*x*Mg-AC在催化煤层气裂解反应过程中初始活性较AC升高的主要原因，本章也测定了*x*Mg-AC和AC的傅里叶红外光谱图，结果如图4-10所示。从图4-10可以看到，在$3400cm^{-1}$处的宽吸收峰归属于样品中的羟基。随着所添加$Mg(NO_3)_2$的增加，炭材料的吸收峰逐渐减弱，说明$Mg(NO_3)_2$促进了煤的热解，使得所含羟基的数量减少。样品在$2970cm^{-1}$处的吸收峰归属于C—H键。随着所添加$Mg(NO_3)_2$的增加，炭材料在该处的吸收峰逐渐消失，说明*x*Mg-AC中的脂肪结构基本上被全部脱除。在$1670\sim1630cm^{-1}$内的吸收峰，归属于羧酸、酸酐、内酯或者酮类的C═O伸缩振动。10Mg-AC和15Mg-AC较AC的吸收峰增强，说明$Mg(NO_3)_2$的加入促进了二者炭材料中C═O基团的增加。在$1316\sim980cm^{-1}$内的吸收峰，归属于醇类、酚类等官能团的C—O伸缩振动或者O—H弯曲变形。10Mg-AC和15Mg-AC较AC的吸收峰增强，说明$Mg(NO_3)_2$的加入促进了二者炭材料中C—O和O—H基团的增加。由以上讨论可知，10Mg-AC和15Mg-AC表面的含氧官能团较AC呈现出增多的趋势。这可能是10Mg-AC和15Mg-AC具有高初始反应活性的主要影响因素之一。

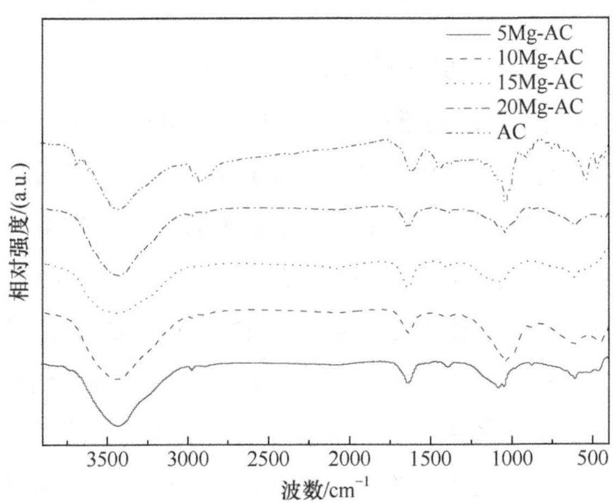

图4-10　*x*Mg-AC和AC的FT-IR光谱图

xMg-AC 和 AC 的 XRD 检测结果如图 4-11 所示。一般认为炭材料 XRD 衍射峰主要出现在 26°和 44°，这两处衍射峰与 C(002)和 C(101)的晶面结构相对应。它们的峰强或面积比主要体现炭材料的有序度，比值越小，说明石墨层结构越有序。由表 4-2 可知，5Mg-AC 所对应的 XRD 衍射峰中 C(101)与 C(002)对应峰强的比值最小，说明该炭材料具有低的石墨化程度，结构也更加无序，这表明它将会具有更多的表面缺陷位。由图 4-11 可知，5Mg-AC 表现出更高的煤层气催化裂解活性，这说明炭材料结构的无序性是其能否具有较高煤层气裂解反应活性的关键因素之一。添加 $Mg(NO_3)_2$ 可以促使所制炭材料结构无序性的发展和活性位的增加，最佳添加量为 5%。

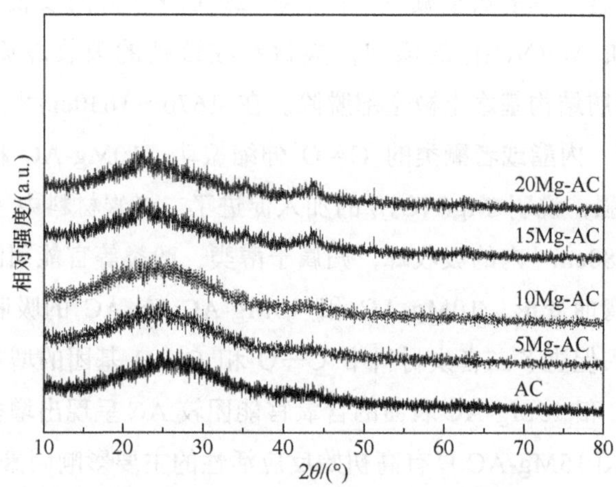

图 4-11　xMg-AC 和 AC 的 XRD 谱图

xMg-AC 和 AC 催化煤层气裂解反应前后的 SEM 结果如图 4-12 所示。从图 4-12(a)～(e)中可以看到，随着在煤中添加 $Mg(NO_3)_2$ 质量的增加，xMg-AC 的表面变得崎岖不平。这可能是因为 $Mg(NO_3)_2$ 促进煤第一阶段的热分解，从而使得煤与 KOH 和氧化镁的反应过程中消耗了更多的碳。从图 4-12(f)～(j)中可以看到，当活性炭催化煤层气裂解后，AC、10Mg-AC 和 15Mg-AC 表面沉积了少量碳纤维，20Mg-AC 表面沉积了大量团聚型积炭，而 5Ca-AC 表面沉积了大量的碳纤维。一般认为，在煤层气催化裂解反应过程中，金属催化剂表面的积炭易呈现纤维状。这可能是由金属颗粒反应前后存在的炭浓度梯度所导致的，而炭材料催化剂表面的积炭则不易呈现纤维状。然而，在用煤液化残渣制备的活性炭催化甲烷裂解过程中，张建波[51]发现在该类型炭材料催化剂表面的积炭却呈现出纤维状。这可能是炭材料表面的含氧官能团在反应过程中逐渐减少造成了炭浓度差所导致的。由图 4-10 可知，10Mg-AC 和 15Mg-AC 表面的含氧官能团最多，因此二者表现出了最高的初始活性。随着表面含氧官能团的快速消耗和减少，在反应后期二者表面的积炭却并未生成更多的碳纤维。这可能是由于 $Mg(NO_3)_2$ 与碳的反应太剧烈，导致所制炭材料中介孔的坍塌，从而使得孔径太大，不易于碳纤维的生长。而 5Mg-AC 虽然有较少的含氧官能团，然而其孔径的分布却更加均匀，因此导致催化煤层气裂解制氢后的积炭在 5Mg-AC 表面形成了大量的碳纤维。这表明在炭材料催化煤层气裂解制氢反应过程中，炭材料表面要形成碳纤维，不仅需要炭材料表面具有较多的含氧官能团，还需要较为均匀的孔径分布，才能使得积炭的生长速度与溢出速度相匹配，从而形成更多的碳纤维。

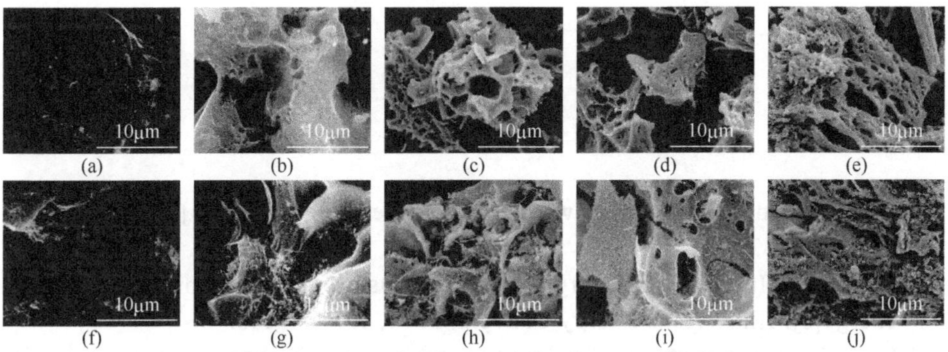

图 4-12　xMg-AC 和 AC 反应前后的 SEM 图

（a），（f）反应前后的 AC；（b），（g）反应前后的 5Mg-AC；（c），（h）反应前后的 10Mg-AC；（d），（i）反应前后的 15Mg-AC；（e），（j）反应前后的 20Mg-AC

本章用大同长焰煤原位添加 $Ca(OH)_2$ 或 $Mg(NO_3)_2$ 和 KOH 化学活化法相结合的方法制备一种煤基多孔炭，并将其应用于催化煤层气裂解制氢。结果表明，煤原位添加 $Ca(OH)_2$ 可以有效地改善所制活性炭的表面化学性质和结构。其中活性炭的最大比表面积和孔容可达 $2907m^2/g$ 和 $2.34cm^3/g$，所开孔几乎全为介孔。活性炭表面的含氧官能团增加，结构更加无序。煤原位添加 $Ca(OH)_2$ 所制活性炭催化煤层气裂解制氢的转化率要高于煤直接制备活性炭的转化率。15Ca-AC 具有最高的稳定性，这可能与它具有高的比表面积和无序结构有关，20Ca-AC 具有最高的初始活性，这可能与其表面含有较多的含氧官能团有关。煤原位添加 $Ca(OH)_2$ 所制活性炭催化煤层气裂解制氢过程中积炭的生成是造成催化剂活性降低的主要原因，同时积炭在反应后期也具有一定的催化作用，积炭的主要形态是碳纤维。煤原位添加 $Mg(NO_3)_2$ 可以改变所制炭材料的表面化学性质和结构。随着添加质量的增加，炭材料的比表面积从 2450m^2/g 减少到 1137m^2/g，孔容从 1.82cm^3/g 减少到 0.86cm^3/g。所开微孔数量增加，表明 $Mg(NO_3)_2$ 的添加量对炭材料的影响较大，其中 5Mg-AC 的效果最好。10Mg-AC 和 15Mg-AC 表面的含氧官能团最多，5Mg-AC 结构最无序。*x*Mg-AC 催化煤层气裂解制氢的转化率要高于 AC 的转化率。5Mg-AC 具有最高的稳定性，这可能与它具有高的比表面积和无序结构有关，10Mg-AC 和 15Mg-AC 具有最高的初始活性，这可能与其表面含有较多的含氧官能团有关。5Mg-AC、10Mg-AC 和 15Mg-AC 催化煤层气裂解制氢过程中积炭的主要形态是碳纤维，其中 5Mg-AC 表面的碳纤维数量最多。这可能是其表面含氧官能团的数量和孔径分布的均匀程度二者所共同作用的结果。

参考文献

[1] Dunn S. Hydrogen futures: toward a sustainable energy system[J]. Int J Hydrogen Energy, 2002, 27: 235-264.

[2] Barton J P, Infield D G. Energy storage and its use with intermittent renewable energy[J]. IEEE Trans Energy Convers, 2004, 19: 441-448.

[3] Song C. Fuel processing for low-temperature and hightemperature fuel cells challenges, and opportunities for sustainable development in the 21st century[J]. Catal Today, 2002, 77: 17-49.

[4] Choudhary T V, Goodman D W. CO-free fuel processing for fuel cell applications[J]. Catal Today, 2002, 77: 65-78.

[5] Ramachandran R, Menon R K. An overview of industrial uses of hydrogen[J]. Int J Hydrogen Energy, 1998, 23: 593-598.

[6] Zhou L, Enakonda L R, Harb M, et al. Fe catalysts for methane decomposition to produce hydrogen and carbon nanomaterials[J]. Appl Catal B, 2017, 208: 44-59.

[7] Muhammad A F S, Awad A, Saidur R, et al. Recent advances in cleaner hydrogen productions via thermo-catalytic decomposition of methane: admixture with hydrocarbon[J]. Int J Hydrogen Energy, 2018, 43: 18713-18734.

[8] Kothari R, Buddhi D, Sawhney R L. Sources and technology for hydrogen production: a review[J]. Int J Glob Energy Issues, 2004, 21: 154-178.

[9] Abanades A, Rubbia C, Salmieri D. Thermal cracking of methane into hydrogen for a CO_2-free utilization of natural gas[J]. Int J Hydrogen Energy, 2013, 38: 8491-8496.

[10] Khalifeh O, Mosallanejad A, Taghvaei H, et al. Decomposition of methane to hydrogen using nanosecond pulsed plasma reactor with different active volumes, voltages and frequencies[J]. Applied Energy, 2016, 169: 585-596.

[11] Ashik U P M, Daud W M A W, Hayashi J. A review on methane transformation to hydrogen and nanocarbon: relevance of catalyst characteristics and experimental parameters on yield[J]. Renewable Sustainable Energy Reviews, 2017, 76: 743-767.

[12] Tanggarnjanavalukul C, Donphai W, Witoon T, et al. Deactivation of nickel catalysts in methane cracking reaction: effect of bimodal meso-macropore structure of silica support[J]. Chemical Engineering Journal, 2015, 262: 364-371.

[13] Ren J, Cao J, Zhao X, et al. Extension of catalyst lifetime bydoping of Ce in Ni-loaded acid-washed Shengli lignite char for biomass catalytic gasification[J]. Catalysis Science & Technology, 2017, 7: 5741-5749.

[14] Shen Y, Lua A C. Synthesis of Ni and Ni-Cu supported on carbon nanotubes for hydrogen and carbon production by catalytic decomposition of methane[J]. Applied Catalysis B: Environmental, 2015, 164: 61-69.

[15] Italiano G, Delia A, Espro C, et al. Methane decomposition over Co thin layer supported catalysts to produce hydrogen for fuel cell[J]. International Journal of Hydrogen Energy, 2010, 35: 11568-11575.

[16] Jana P, Víctor A, Coronado J M, et al. Cobalt based catalysts prepared by Pechini method for CO_2-free hydrogen production by methane decomposition[J]. International Journal of Hydrogen Energy, 2010, 35: 10285-10294.

[17] Nuernberg G B, Fajardo H V, Mezalira D Z, et al. Preparation and evaluation of Co/Al_2O_3 catalysts in the production of hydrogen from thermo-catalytic decomposition of methane: influence of operating conditions on catalyst performance[J]. Fuel, 2008, 87: 1698-1704.

[18] Dasireddy V D B C, Likozar B. Activation and decomposition of methane over cobalt-, copper-, and iron-based heterogeneous catalysts for CO_x-free hydrogen and multiwalled carbon nanotube production[J]. Energy Technology, 2017, 5: 1344-1355.

[19] Calafat A, Sanchez N. Production of carbon nanotubes through combination of catalyst reduction and methane decomposition over $Fe\text{-}Ni/ZrO_2$ catalysts prepared by the citrate method[J]. Applied Catalysis A: General, 2016, 528: 14-23.

[20] Bayat N, Rezaei M, Meshkani F. Hydrogen and carbon nanofibers synthesis by methane decomposition over $Ni\text{-}Pd/Al_2O_3$ catalyst[J]. International Journal of Hydrogen Energy, 2016, 41: 5494-5503.

[21] Zhang J, Li X, Chen H, et al. Hydrogen production by catalytic methane decomposition: carbon materials as catalysts or catalyst supports[J]. International Journal of Hydrogen Energy, 2017, 42: 19755-19775.

[22] Muradov N. Catalysis of methane decomposition over elemental carbon[J]. Catalysis Communications, 2001, 2: 89-94.
[23] Muradov N, Smith F, T-Raissi A. Catalytic activity of carbons for methane decomposition reaction[J]. Catalysis Today, 2005, 102-103: 225-233.
[24] Suelves I, Lázaro M J, Moliner R, et al. Hydrogen production by methane decarbonization: carbonaceous catalysts[J]. International Journal of Hydrogen Energy, 2007, 32: 3320-3326.
[25] Ashok J, Kumar S N, Venugopal A, et al. CO_x free hydrogen by methane decomposition over activated carbons[J]. Catalysis Communications, 2008, 9: 164-169.
[26] Wang J, Jin L, Li Y, et al. Effect of air pre-oxidization on coal-based activated carbon for methane decomposition to hydrogen[J]. International Journal of Hydrogen Energy, 2016, 41: 10661-10669.
[27] Suelves I, Moliner R, Lazaro M J, et al. Thermocatalytic decomposition of methane over activated carbon: influence of textural properties and surface chemistry[J]. International Journal of Hydrogen Energy, 2005, 30: 293-300.
[28] Serrano D P, Botas J A, Guil-Lopez R. H_2 production from methane pyrolysis over commercial carbon catalysts kinetic and deactivation study[J]. International Journal of Hydrogen Energy, 2009, 34: 4488-4494.
[29] Abbas H F, Daud W M A W. Hydrogen production by thermocatalytic decomposition of methane using a fixed bed activated carbon in a pilot scale unit: apparent kinetic, deactivation and diffusional limitation studies[J]. International Journal of Hydrogen Energy, 2010, 35: 12268-12276.
[30] Shilapuram V, Ozalp N, Oschatz M, et al. Thermogravimetric analysis of activated carbons, ordered mesoporous carbide-derived carbons, and their deactivation kinetics of catalytic methane decomposition[J]. Industrial & Engineering Chemistry Research, 2014, 53: 1741-1753.
[31] Ashik U P M, Daud W M A W, Abbas H F. Production of greenhouse gas free hydrogen by thermocatalytic decomposition of methane-A review[J]. Renew Sustain Energy Rev, 2015, 44: 221-256.
[32] Zhang J, Jin L, Li Y, et al. Hierarchical porous carbon catalyst for simultaneous preparation of hydrogen and fibrous carbon by catalytic methane decomposition[J]. International Journal of Hydrogen Energy, 2013, 38: 8732-8740.
[33] Luo H F, Qiao Y D, Ning Z X, et al. Effect of thermal extraction on coal-based activated carbon for methane decomposition to hydrogen[J]. ACS Omega, 2020, 5: 2465-2472.
[34] Palumbo A W, Sorli J C, Weimer A W. High temperature thermochemical processing of biomass and methane for high conversion and selectivity to H_2-enriched syngas[J]. Applied Energy, 2015, 157: 13-24.
[35] Wang J, Jin L, Zhou Y, et al. Effect of $Ca(NO_3)_2$ addition in coal on

properties of activated carbon for methane decomposition to hydrogen[J]. Fuel Processing Technology, 2018, 176: 85-90.

[36] Zhang J, Jin L, Liu S, et al. Mesoporous carbon prepared from direct coal liquefaction residue for methane decomposition[J]. Carbon, 2012, 50: 952-959.

[37] Zhang J, Jin L, Cheng J, et al. Preparation and applications of hierarchical porous carbons from direct coal liquefaction residue[J]. Fuel, 2013, 109: 2-8.

[38] Zhang J, Ma S W, Meng Q, et al. Co-production of hydrogen and fibrous carbons by methane decomposition using K_2CO_3/carbon hybrid as the catalyst[J]. International Journal of Hydrogen Energy, 2017, 42: 11047-11052.

[39] Lin Y, Zhang C, Zhang M, et al. Deoxygenation of bio-oil during pyrolysis of biomass in the presence of CaO in a fluidized-bed reactor[J]. Energy Fuel, 2010, 24: 5686-5695.

[40] Liu Q, Hu H, Zhou Q, et al. Effect of inorganic matter on reactivity and kinetics of coal pyrolysis[J]. Fuel, 2004, 83: 713-718.

[41] Koo K Y, Roh H S, Seo Y T, et al. Coke study on MgO-promoted Ni/Al_2O_3 catalyst in combined H_2O and CO_2 reforming of methane for gas to liquid process[J]. Applied Catalysis A: General, 2008, 340: 183-190.

[42] 廖厚琪. 不同金属盐及金属氧化物催化剂对煤热解性能影响的研究[D]. 武汉: 武汉工程大学, 2016.

[43] Zhu T Y, Zhang S Y, Huang J J, et al. Effect of calcium oxide on pyrolysis of coal in a fluidized bed[J]. Fuel Processing Technology, 2000, 64: 271-284.

[44] Jin L, Si H, Zhang J, et al. Preparation of activate carbon supported Fe-Al_2O_3 catalyst and its application for hydrogen production by catalytic methane decomposition[J]. International Journal of Hydrogen Energy, 2013, 38: 10373-10380.

[45] Serrano D P, Botas J Á, Pizarro P, et al. Kinetic and autocatalytic effects during the hydrogen production by methane decomposition over carbonaceous catalysts[J]. International Journal of Hydrogen Energy, 2013, 38: 5671-5683.

[46] Pinilla J L, Suelves I, Lázaro M J, et al. Kinetic study of the thermal decomposition of methane using carbonaceous catalysts[J]. Chemical Engineering Journal, 2008, 138: 301-306.

[47] Leboda R, Skubiszewska-zięba J, Tomaszewski W, et al. Structural and adsorptive properties of activated carbons prepared by carbonization and activation of resins[J]. Journal of Colloid and Interface Science, 2003, 263: 533-541.

[48] Pradhan B K, Sandle N K. Effect of different oxidizing agent treatments on the surface properties of activated carbons[J]. Carbon, 1999, 37: 1323-1332.

[49] Serrano D P, Botas J Á, Fierro J L G, et al. Hydrogen production by methane decomposition: origin of the catalytic activity of carbon materials[J]. Fuel,

2010, 89: 1241-1248.

[50] Ermakova M A, Ermakov D Y, Chuvilin A L, et al. Decomposition of methane over iron catalysts at the range of moderate temperatures: the influence of structure of the catalytic systems and the reaction conditions on the yield of carbon and morphology of carbon filaments[J]. Journal of Catalysis, 2001, 201: 183-197.

[51] 张建波. 煤直接液化残渣基炭材料的制备及应用[D]. 大连: 大连理工大学, 2013.

第5章 煤/生物质基炭材料制备优化及其催化裂解煤层气性能研究

当前，工业使用的大部分氢气主要通过化石燃料与水蒸气重整来获得，但是这一过程易产生温室气体 CO_2[1]。在国内提出逐年降低碳排放的大背景下，必须升级该技术或寻求新的低碳制氢工艺[2-4]。我国煤层气资源储量丰富，它（主要成分为甲烷）是煤的伴生气，属于非常规能源。与太阳能、风能等相比，具有不受季节、天气约束和利用稳定等优点，已被广泛应用于发电、化工和汽车燃料等民用领域[5-8]，但是其利用效率较低，一般达不到 20%。为了使其能够实现高效和高附加值利用，有必要开发一种煤层气利用新工艺，即煤层气催化裂解制氢。该工艺利用煤层气中所含主要成分甲烷，通过催化剂直接裂解制氢，该工艺不仅可以制备出不含碳氢化物的高纯氢气，也可获得一定数量的纳米碳材料，这使得该工艺备受国内外学者的关注[9,10]。为了降低反应活化能，提高反应速率，裂解过程必须使用催化剂。

催化剂主要有金属[11-17]和炭材料两大类，其中金属催化剂具有较高的转化率，但是易受积炭的影响而降低活性。炭材料催化剂虽然转化率较低，但其具有高的稳定性和抗积炭性，因而备受研究学者的关注[18,19]。罗化峰等[20-22]通过低阶煤热溶处理和碱式炭化活化制备了分级多孔炭材料，结果表明该工艺不仅可以获得一定数量的热溶油，而且热溶残渣所制炭材料催化剂具有高的稳定性和初始活性。煤中低分子化合物、灰分等对炭材料的催化性能有重要影响。为了进一步降低催化剂的成本，有必要尝试使用可再生资源——生物质替代部分低阶煤，这不仅可以降低炭材料制备过程中低阶煤的使用量，也可实现二者相互协同热解，从而制备出性能更优的分级多孔炭材料。该炭材料不仅具有廉价易得、性价比高、环境友好等特点，而且也有耐酸碱腐蚀、耐高温、组分易分离等优良的理化性质，同时该类型炭材料表面官能团含氧浓度较高[23,24]。

罗化峰等研究表明，在炭材料制备过程中需要考虑温度、碱碳比、溶剂量和其他碳源添加量因素的影响。为了寻找最优实验条件，往往需要进行大量的基础实验，这势必需要消耗大量时间和材料。为了有效地减少实验工作量，本章创新性地使用 Design-expert 软件对影响因素进行优化设计。Design-expert 软件是目前顶尖实验设计软件之一，是由 Stat-Ease 公司进行开发设计的。与其他设计软件相比，Design-expert 是最容易使用、功能最完整、界面更简洁的软件，而且它在有关于响应曲面优化的论文中被频繁使用。它相较于其他软件来说，能够专业、准确地对实验数据进行分析，并且可以得到 3D 模型，能够优化实验结果。Design-expert 软件经常使用的实验方法有如下三种，分别为一般析因实验、正交实验和响应曲面实验，其中响应曲面实验常用的有 CCD 和 BBD 设计两种。该软件的功能包括三部分，分别为实验设计、回归分析和预测优化。通过 Design-expert 软件可以首先对实验进行设计，确定实验因素、水平和指标，然后将实验的结果输入软件进行分析。利用方差分析确定主要影响因素并建立关系模型，得出响应面拟合方程，然后对主要影响因素进行调整，最后得出实验设计的最优配合比。一般的 4 因素 3 水平的正交实验，可以用 L_9 的正交表设计。但是采用该方法只是通过极差分析来判断各因素对实验结果的影响，并没有考虑到实验误差，所以无法对各因素的影响程度给出准确的估计和分析[25]。

本章首先利用 Design-expert 软件设计出 4 因素 3 水平实验方案，并通过响应曲面法分析各影响因素与转化率的关系，建立对应拟合回归方程，最终得出理论最优解，并与实验值进行对比分析。从而验证 Design-expert 软件在多因素、多水平条件下的预测可靠性，并对最优条件下所制原煤和煤/生物基炭材料催化裂解煤层气制氢机理进行研究。其次也通过在大同低阶煤中原位添加杨树、榆叶梅和丁香的树干，并结合 KOH 活化法制备煤/生物基分级多孔炭材料，并将其应用于煤层气催化裂解制氢；并对煤/生物基炭材料进行 TG/DTG、FT-IR、SEM、BET 和 Raman 等分析，从而获得该类型炭材料催化裂解煤层气的作用机理。

5.1 基于 Design-expert 软件的制备优化

5.1.1 Design-expert 软件分析

为了研究温度（A）、碱碳比（B）、溶剂量（C）和生物质量（D）因素对煤/生物基分级多孔炭材料制备过程的影响，采用 Design-expert 软件中的 Box-Behnken（BBD）功能设计了 4 因素 3 水平实验方案。实验条件设定为 4 因素 3 水平，见表 5-1。在温度为 850℃，碱碳比为 4∶1，溶剂量为 48mL，用大同长焰煤所制催化剂样品记为 DT/AC。在温度为 850℃，碱碳比为 4∶1，溶剂量为 48mL，生物质添加量为 1g，所制催化剂样品记为 DT/YY-AC。其他条件不变，温度为 900℃，所制催化剂样品记为 DT/YY-AC-900。其他条件不变，碱碳比为 5∶1，所制催化剂样品记为 DT/YY-AC-5。

表 5-1 实验影响因素与水平

水平	因素			
	温度/℃ *A*	碱碳比 *B*	溶剂量/mL *C*	生物质量/g *D*
1	650	2	32	1
2	750	3	40	1.5
3	850	4	48	2

本章首先采用软件 Design-expert 中的 Box-Behnken（BBD）模块构建出煤/生物基分级多孔炭催化裂解煤层气制氢的 4 因素 3 水平正交实验，并选定煤层气裂解制氢的转化率和氢产率作为响应值，设计出 29 组正交实验；并通过催化剂评价装置，得到 29 组实验的转化率和氢产率数据。该 29 组实验过程中有 4 组重复性实验，用于衡量所测数据的稳定性和重复性，具体结果见表 5-2。依据表 5-2 中不同因素三个水平值，分别确定上、下界。该上、下界又称为上、下水平，上水平与下水平的平均数称为零水平。上、下水平到零水平的平均距离（上水平−下水平）/2 称为标准差。上、零、下水平标准化（减平均数后除以标准差）后的值是 1、0、−1，见表 5-3。为了进一步分析温度（*A*）、碱碳比（*B*）、溶剂量（*C*）和生物质量（*D*）因素对转化率和氢产率的影响，利用 Design-expert 软件对表 5-3 数据进行了分析，结果见表 5-4。根据表 5-4 中各个因素对转化率和氢产率的影响权重可知：均方 B=175.04，均方 A=89.66，均方 D=36.54，均方 C=1.16，其中碱碳比的均方最大，表明碱碳比对转化率的影响最大。转化率各影响因素权重大小顺序依次为：$B>A>D>C$。同理，各个因素对氢产率的影响权重为：均方 B=2.21，均方 A=1.04，均方 D=0.46，均方 C=0.02，其中碱碳比的均方最大，表明碱碳比对氢产率的影响最大。氢产率各因素权重大小顺序依次为：$B>A>D>C$。

表 5-2 正交实验设计结果

序号	*A*	*B*	*C*	*D*	转化率/%	氢产率/%
1	750	2	32	2.00	4.89	0.50
2	750	3	32	1.50	6.33	0.66
3	750	3	48	2.00	7.48	0.79
4	750	4	16	1.50	12.71	1.38
5	650	4	32	1.50	7.13	0.74
6	750	4	32	1.00	14.31	1.56
7	850	4	32	1.50	12.52	1.33
8	850	3	32	1.00	14.59	1.56
9	650	2	32	1.50	3.18	0.33
10	650	3	48	1.50	4.70	0.48
11	750	2	48	1.50	5.32	0.55
12	750	3	32	1.50	5.22	0.54
13	650	3	16	1.50	6.66	0.69
14	850	3	32	2.00	10.25	1.08
15	750	3	32	1.50	7.66	0.78
16	850	3	16	1.50	12.29	1.30
17	750	4	48	1.50	17.54	1.95
18	850	2	32	1.50	9.60	1.01
19	750	3	48	1.00	15.06	1.65
20	750	3	32	1.50	8.51	0.88
21	850	3	48	1.50	13.57	1.44
22	750	2	16	1.50	5.25	0.54
23	650	3	32	1.00	10.92	1.16
24	650	3	32	2.00	7.43	0.78
25	750	3	16	1.00	14.50	1.57
26	750	4	32	2.00	15.11	1.66
27	750	3	32	1.50	5.82	0.62
28	750	3	16	2.00	8.53	0.90
29	750	2	32	1.00	5.24	0.54

表 5-3 正交实验设计归一化结果

序号	A	B	C	D	转化率/%	氢产率/%
1	0	−1	0	1	4.89	0.50
2	0	0	0	0	6.33	0.66
3	0	0	1	1	7.48	0.79
4	0	1	−1	0	12.71	1.38
5	−1	1	0	0	7.13	0.74
6	0	1	0	−1	14.31	1.56
7	1	1	0	0	12.52	1.33
8	1	0	0	−1	14.59	1.56
9	−1	−1	0	0	3.18	0.33
10	−1	0	1	0	4.70	0.48
11	0	−1	1	0	5.32	0.55
12	0	0	0	0	5.22	0.54
13	−1	0	−1	0	6.66	0.69
14	1	0	0	1	10.25	1.08
15	0	0	0	0	7.66	0.78
16	1	0	−1	0	12.29	1.30
17	0	1	1	0	17.54	1.95
18	1	−1	0	0	9.60	1.01
19	0	0	1	−1	15.06	1.65
20	0	0	0	0	8.51	0.88
21	1	0	1	0	13.57	1.44
22	0	−1	−1	0	5.25	0.54
23	−1	0	0	−1	10.92	1.16
24	−1	0	0	1	7.43	0.78
25	0	0	−1	−1	14.50	1.57
26	0	1	0	1	15.11	1.66
27	0	0	0	0	5.82	0.62
28	0	0	−1	1	8.53	0.90
29	0	−1	0	−1	5.24	0.54

表 5-4　实验结果方差分析

响应值		A	B	C	D
转化率/%	平方和	89.66	175.04	1.16	36.54
	自由度	1	1	1	1
	均方	89.66	175.04	1.16	36.54
氢产率/%	平方和	1.04	2.21	0.02	0.46
	自由度	1	1	1	1
	均方	1.04	2.21	0.02	0.46

由以上的数据分析可知，四个因素 *A*、*B*、*C* 和 *D* 对转化率的影响程度各不相同。为了进一步详细研究四个因素 *A*、*B*、*C* 和 *D* 对转化率的交互影响，本章采用软件 Design-expert 中的 Model Graphs 功能对表 5-3 中转化率的数据进行了响应曲面分析，结果如图 5-1 所示。从图 5-1（a）中可以看出，随着 *A* 和 *B* 的增加，转化率呈现出递增趋势。但是从二者的增加趋势可以看出，*B* 的影响比 *A* 的影响要大，说明在 *A* 一定时，*B* 的影响占优。从图 5-1（b）中可以看出，随着 *A* 和 *C* 的增加，转化率呈现缓慢递增趋势，变化幅度较慢，说明二者对转化率的影响幅度较小。从图 5-1（c）可以看出，随着 *A* 和 *D* 的增加，转化率呈现先减小后增加的趋势，说明 *A* 和 *D* 二者之间存在相互最优匹配的问题。从图 5-1（d）可以看出，转化率随着 *B* 和 *C* 的增加呈现递增的趋势，说明二者对转化率的影响较大。*B* 和 *C* 的增加有利于炭材料的活化反应，从而导致开孔数量的增加，这将进一步促进炭材料催化裂解煤层气转化率的提高。从图 5-1（e）中可以看出，随着 *B* 和 *D* 的增加，转化率呈现先减小后增加的趋势，说明二者之间存在相互最优匹配的问题，且 *B* 的影响力较 *D* 大。从图 5-1（f）中可以看出，转化率随着 *C* 和 *D* 的增加呈现先减小后增加的趋势，且幅度缓慢，说明二者对转化率的影响幅度较小。以上结果表明，四个因素 *A*、*B*、*C* 和 *D* 对转化率交互影响的程度不同，其中 *A* 和 *B*，*B* 和 *C* 的交互影响对转化率的提高更重要。

各影响因素两者相互交互影响对氢产率的响应曲面图如图 5-2 所示。从图 5-2（a）中可以看出，随着 *A* 和 *B* 的增加，氢产率呈现出递增趋势，但是从二者的增加趋势可以看出，*B* 的影响比 *A* 的影响要大，说明在 *A* 一定时，*B* 的影响占优。从图 5-2（b）中可以看出，随着 *A* 和 *C* 的增加，氢产率呈现缓慢递增趋势，变化幅度较慢，说明二者对氢产率的影响幅度较小。从图 5-2（c）可以看出，随着 *A* 和 *D* 的增加，氢产率呈现先减小后增加的趋势，说明 *A* 和 *D* 二者之间存在相互最优匹配的问题。从图 5-2（d）可以看出，氢产率随着 *B* 和 *C* 的增加呈现递增的趋

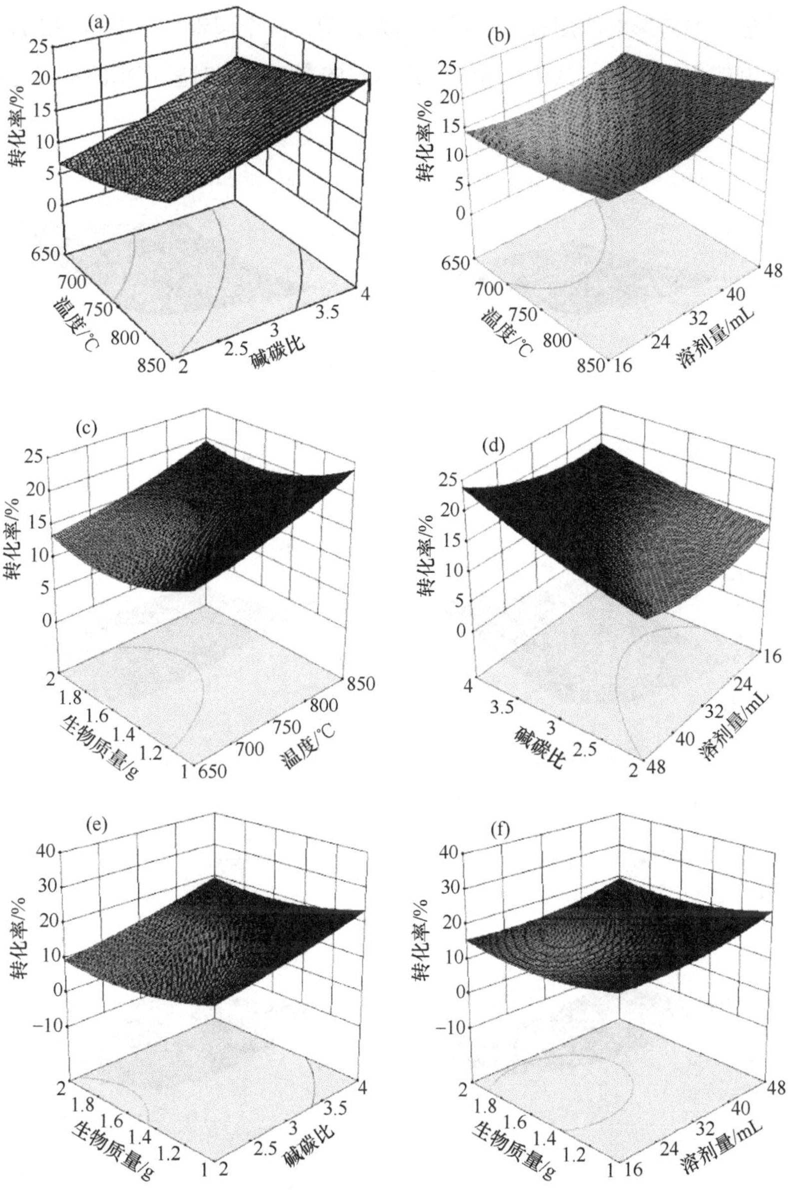

图 5-1　各因素两者相互交互影响对转化率的响应曲面

势，说明二者对氢产率的影响较大。*B* 和 *C* 的增加有利于炭材料的活化反应，从而导致开孔数量的增加，这将进一步促进炭材料催化裂解煤层气氢产率的提高。从图 5-2（e）中可以看出，随着 *B* 和 *D* 的增加，氢产率呈现先减小后增加的趋势，说明二者之间存在相互最优匹配的问题，且 *B* 的影响力较 *D* 大。从图 5-2（f）中可以看出，氢产率随着 *C* 和 *D* 的增加呈现先减小后增加的趋势，且幅度缓慢，说明二者对氢产率的影响幅度较小。以上结果表明，四个因素 *A*、*B*、*C* 和 *D* 对氢产率交互影响的程度不同，其中 *A* 和 *B*，*B* 和 *C* 的交互影响对氢产率的提高更重要。

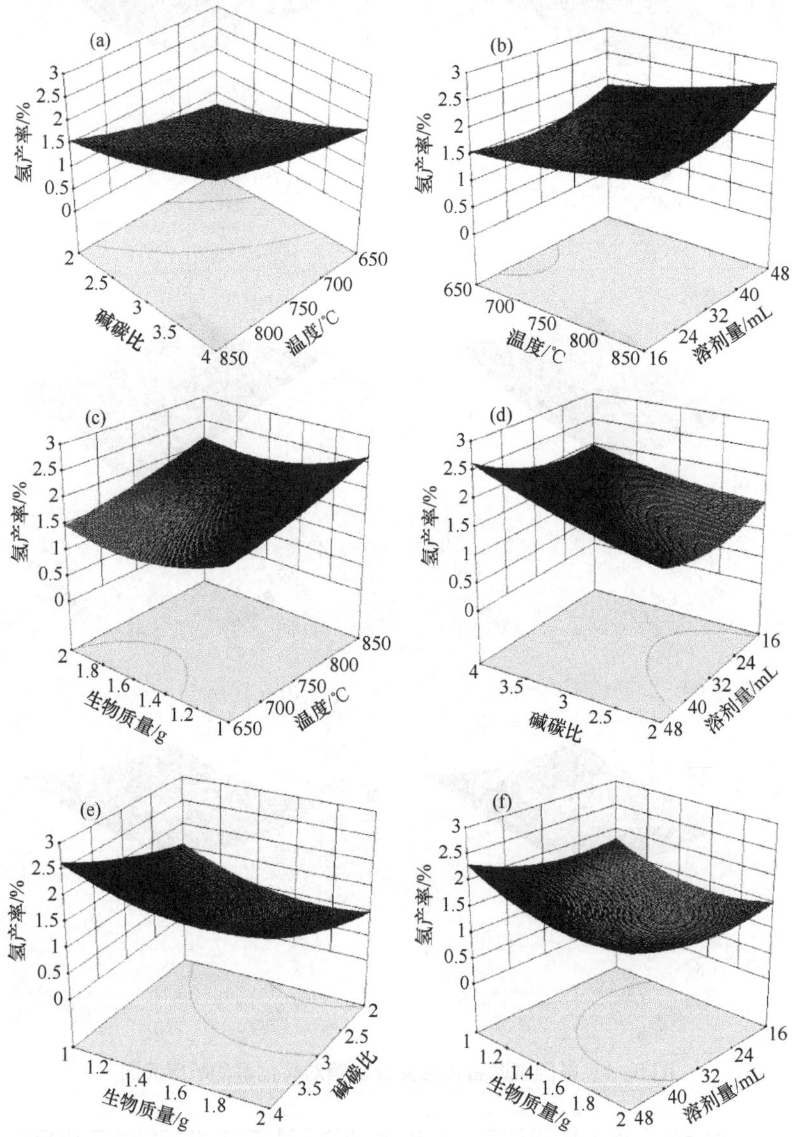

图 5-2　各因素两者相互交互影响对氢产率的响应曲面

基于上述四个因素 *A*、*B*、*C* 和 *D* 对转化率的影响分析，为了进一步阐明转化率与四个因素之间的数值关系，依据表 5-2 中转化率的实验数据，运用 Design-expert 中的 Box-Behnken（BBD）模块，在 ANOVA 方差分析中可以得到转化率和氢产率与各个因素之间的二次回归拟合方程。该回归方程可以更加清晰地表示各因素与转化率和氢产率之间的数值关系。

在 Design-expert 软件中，建立了四个影响因素 *A*、*B*、*C* 和 *D* 与转化率的二次回归方程数学模型，其具体为：

$$
\begin{aligned}
Y_1 = & 6.71 + 2.73A + 3.82B + 0.31C - 1.75D - 0.26AB + 0.81AC - 0.21AD \\
& + 1.19BC + 0.28BD - 0.4CD + 0.8A^2 + 0.8B^2 + 2.15C^2 + 2.74D^2
\end{aligned}
\tag{5-1}
$$

式中，Y_1 表示转化率，%。

为了更好地验证上述数学关系模型的可靠性，利用 Design-expert 软件对模型进行方差和拟合残差分析，结果见表 5-5 和图 5-3。从表 5-5 可以看到，通过对数学关系模型的方差分析，获得了 *F* 值和 *P* 值。*F* 值可以衡量方差分析的可靠性，*P* 值则可以表示原假设出现的概率大小。*F* 值如果越大，*P* 值如果越小，则表明实验分析的结果越可靠。转化率的计算模型 *P* 值为 0.0024，*F* 值为 5.00，说明本实验的拟合方程是显著的。从表 5-5 中可以看到，不同影响因素 *A*、*B*、*C* 和 *D* 对于煤裂解制氢的单因素和交互影响，也可以通过 *F* 值和 *P* 值的大小进行判定，该结果与表 5-4 和图 5-1 中的结果一致。从图 5-3 可以看出，拟合数据点几乎都分布在直线附近，其残差数据点也几乎分布在一条直线上，说明上述模型的拟合效果较好。这表明转化率与四个因素 *A*、*B*、*C* 和 *D* 之间的数学关系方程是可靠的，将其应用于实验数据缺乏条件下的工程预测是可行的。

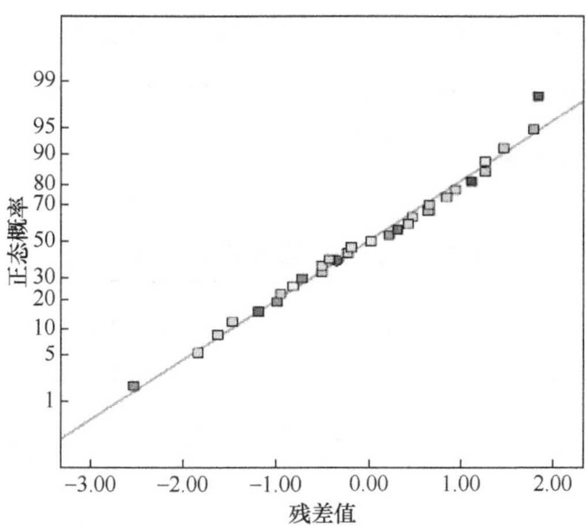

图 5-3　转化率拟合残差图

表 5-5 转化率模拟方差及可靠性分析

响应值	平方和	自由度	均方	F	P
模型	378.57	14	27.04	5.00	0.0024
A	89.66	1	89.66	16.57	0.0011
B	175.04	1	175.04	32.36	<0.0001
C	1.16	1	1.16	0.22	0.6499
D	36.54	1	36.54	6.76	0.0210
AB	0.27	1	0.27	0.05	0.8263
AC	2.61	1	2.61	0.48	0.4986
AD	0.18	1	0.18	0.03	0.8574
BC	5.68	1	5.68	1.05	0.3227
BD	0.32	1	0.32	0.06	0.8101
CD	0.65	1	0.65	0.12	0.7343
A^2	4.17	1	4.17	0.77	0.3945
B^2	4.12	1	4.12	0.76	0.3975
C^2	29.93	1	29.93	5.53	0.0338
D^2	48.55	1	48.55	8.97	0.0096

建立四个影响因素 A、B、C 和 D 与氢产率的二次回归方程数学模型，模型的方差分析以及模拟效果图见表 5-6 和图 5-4。由表 5-6 可以看出氢产率的 P 值小于 0.05，说明本试验的拟合方程是显著的。由图 5-4 的残差分布图可以看出，点分布都在直线的附近，说明该模型拟合效果较好。A、B、C、D 四因素与氢产率建立的二次回归方程为：

$$\begin{aligned}Y_2 = {} & 0.7+0.29A+0.43B+0.039C-0.2D-0.023AB+0.087AC-0.024AD \\ & +0.14BC+0.035BD-0.046CD+0.074A^2+0.1B^2+0.24C^2+0.31D^2\end{aligned} \tag{5-2}$$

式中，Y_2 表示氢产率，%。

表 5-6 氢产率模拟方差及可靠性分析

响应值	平方和	自由度	均方	F	P
模型	4.70	14	0.34	4.87	0.0027
A	1.04	1	1.04	15.07	0.0017
B	2.21	1	2.21	32.03	<0.0001
C	0.02	1	0.02	0.27	0.6124
D	0.46	1	0.46	6.63	0.0220

续表

响应值	平方和	自由度	均方	*F*	*P*
AB	0.02	1	0.02	0.03	0.8623
AC	0.03	1	0.03	0.44	0.5193
AD	0.02	1	0.02	0.03	0.8560
BC	0.08	1	0.078	1.14	0.3041
BD	0.05	1	0.05	0.07	0.7935
CD	0.09	1	0.09	0.13	0.7284
A^2	0.04	1	0.04	0.51	0.4861
B^2	0.07	1	0.07	0.94	0.3495
C^2	0.39	1	0.39	5.62	0.0326
D^2	0.62	1	0.62	8.97	0.0096

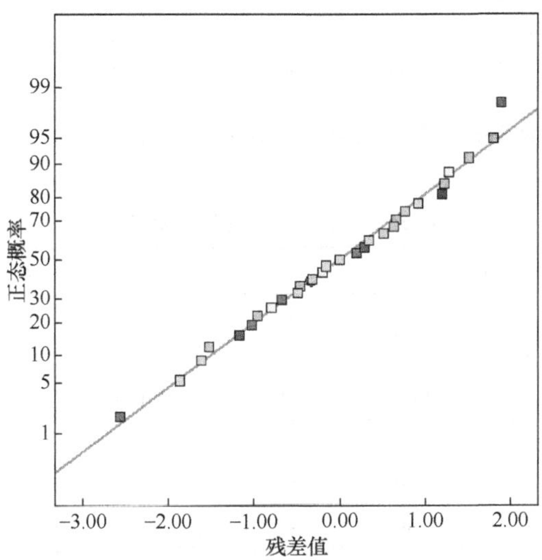

图 5-4　氢产率拟合残差图

5.1.2　实验优化与最优解分析

在一定数量实验结果和模型拟合的基础上，利用 Design-expert 中的 Optimization 模块对实验参数进一步优化，并依据要实现高转化率的目的，得到了主要影响因素温度与碱碳比对转化率和氢产率的等高线，见图 5-5。从图 5-5

可以看出，随着温度和碱碳比的增加，转化率和氢产率在不断地提高，说明实验的最优方案应该选择高的温度和碱碳比。进一步调整各因素的取值，通过软件分析得到最优实验结果，见表 5-7。从表 5-7 可以看出，本章实验最终模拟计算的最优实验方案为温度 850℃，碱碳比 4，溶剂量 48mL，添加生物质的量 1g。

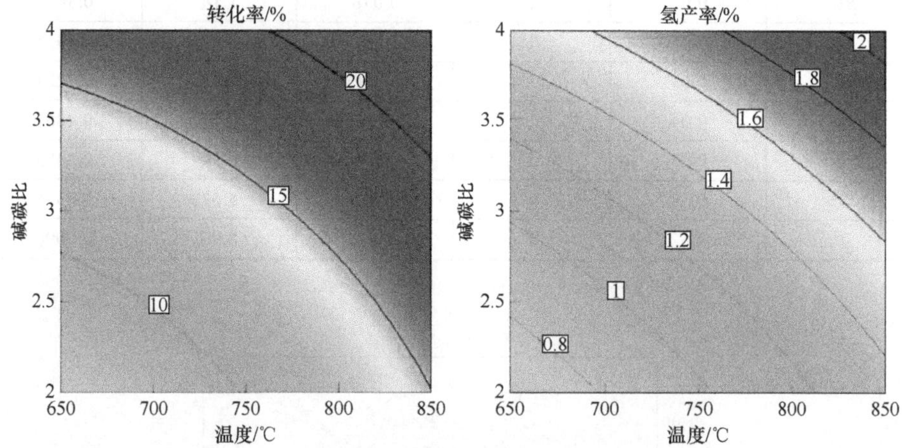

图 5-5　温度与碱碳比对转化率和氢产率的等高线

表 5-7　优化配合比的实验结果

序号	*A*	*B*	*C*	*D*	转化率/%	氢产率/%
1	850.00	3.99	48.00	1.00	23.82	2.62
2	850.00	4.00	47.87	1.00	23.82	2.62
3	847.32	4.00	48.00	1.00	23.74	2.61
4	849.99	3.98	48.00	1.00	23.73	2.61
5	850.00	4.00	47.36	1.00	23.60	2.59
6	847.88	4.00	47.48	1.00	23.52	2.58
7	849.93	4.00	47.96	1.05	23.14	2.54
8	850.00	3.79	48.00	1.00	22.65	2.48

为了对软件模拟结果的可靠性进行验证，从表 5-7 的最优配合比中选取 1、2、3 三组模拟结果进行验证实验，见表 5-8 和表 5-9。从表 5-8 和表 5-9 可以看出，软件的最优理论转化率与实际转化率之间的最大误差为 3.30%，最优理论氢产率与实际氢产率之间的最大误差为 3.40%，说明 Design-expert 软件对制备过程的优化是准确和可靠的。它的预测性可以满足具体实验要求。

表 5-8 转化率实验结果验证

序号	转化率理论值/%	转化率实验值/%	误差/%
1	23.82	23.11	2.90
2	23.82	23.03	3.30
3	23.74	22.99	3.10

表 5-9 氢产率实验结果验证

序号	氢产率理论值/%	氢产率实验值/%	误差/%
1	2.62	2.55	2.60
2	2.62	2.53	3.40
3	2.61	2.53	3.10

由于 Design-expert 模拟计算出的最优方案中温度和碱碳比对转化率和氢产率影响最大，因此，本章采用单因素变量对实验的最优条件进行外延研究，结果如图 5-6 所示。从图 5-6 可以看出，无论是碱碳比增加到 5∶1，还是温度进一步升高到 900℃，其催化效果都不及最优方案，说明上述分析所得最优条件确实是该实验条件下的最优结果。这可能是因为 KOH 的过量添加和温度进一步升高导致所制炭材料的孔结构坍塌，介孔数量减少，从而降低了其对煤层气制氢的催化效果。为了进一步解释上述现象，本章分别对 DT/YY-AC-5 和 DT/YY-AC-900 样品进行了氮吸附测试，通过氮吸附的测试表明，DT/YY-AC-5 的总比表面积为

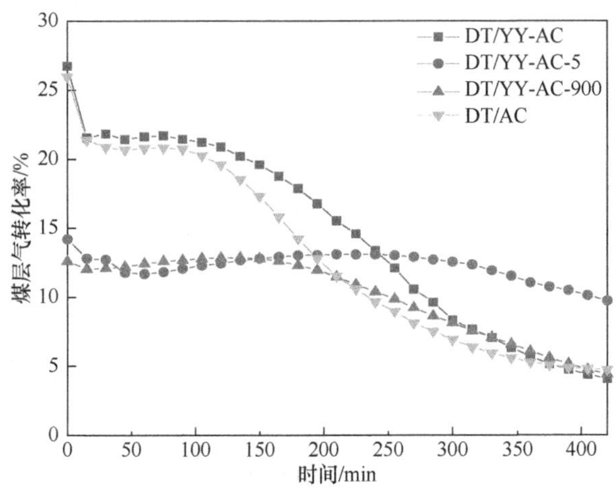

图 5-6 单因素对转化率的影响

1707m²/g，其中内比表面积 237m²/g，外比表面积 1470m²/g。DT/YY-AC-900 的总比表面积为 1735m²/g，其中内比表面积 765m²/g，外比表面积 970m²/g。从以上数据可知，DT/YY-AC-900 和 DT/YY-AC-5 的总比表面积较 DT/YY-AC 减小，从而造成催化煤层气裂解制氢转化率和氢产率的下降。

在最优条件下，DT/AC 与 DT/YY-AC 催化煤层气裂解制氢转化率随时间的变化关系，如图 5-7 所示。从图 5-7 中可以看到，DT/YY-AC 具有最高的初始活性和稳定性。两种炭材料催化煤层气裂解制氢反应过程为，在最初的 30min 内，转化率快速下降，接着会有一段时间呈现出缓慢下降的趋势，最后随着反应时间的进一步延长而呈现快速下降并直至失活。这与罗化峰等关于低阶煤通过热溶预处理首先获得一定数量的热溶油和热溶残渣，热溶残渣再通过 KOH 活化制备炭材料并催化甲烷裂解制氢中转化率随时间的变化规律相似。而且 DT/YY-AC 较 DT/AC 在 0～420min 中具有更高的转化率，这可能与二者的比表面积大小有关。通过对两种所制炭材料的氮吸附测试表明，DT/AC 的总比表面积为 1984m²/g，其中内比表面积为 179m²/g，外比表面积为 1805m²/g。DT/YY-AC 的总比表面积为 1975m²/g，其中内比表面积为 664m²/g，外比表面积为 1311m²/g。由于二者的比表面积相差不大，导致二者在反应前期的转化率较为接近，而 DT/YY-AC 的内比表面积较大，导致 DT/YY-AC 在反应中期具有较好的转化率。DT/AC 和 DT/YY-AC 的吸附-脱附的等温曲线和孔径分布曲线如图 5-8 所示，从图 5-8（a）可以看出，DT/AC 和 DT/YY-AC 氮吸附-脱附等温线均呈现出明显的

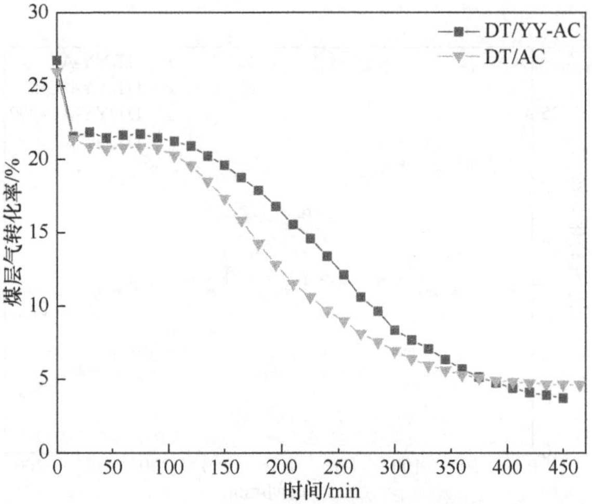

图 5-7 DT/AC 与 DT/YY-AC 催化裂解煤层气转化率曲线

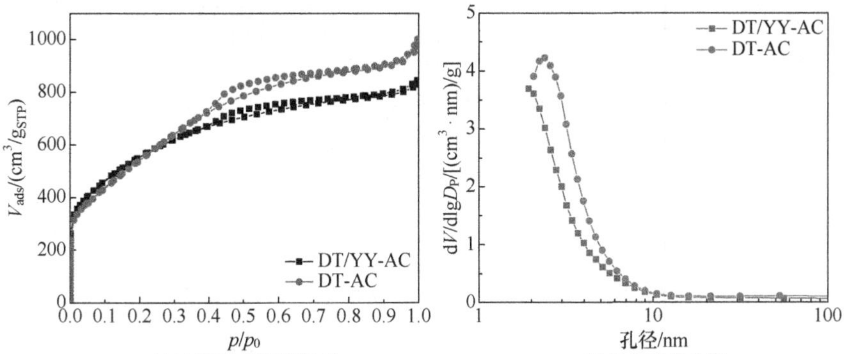

(a) N_2吸附-脱附等温线　　(b) 孔径分布曲线

图 5-8　煤与煤/生物基炭材料的 N_2 吸附-脱附等温线和孔径分布曲线

迟滞回线，均为Ⅳ型曲线，说明这些样品中含有较大数量的介孔。其中，DT/AC等温线的回滞程度明显，表明该样品所含介孔数量最多，而DT/YY-AC氮吸附-脱附等温线的回滞程度较差，表明该样品所含介孔数量较少，有一定数量的微孔。这与上述比表面积数据相一致。从图5-8（b）中可以看出，DT/AC和DT/YY-AC的孔径分布主要集中在1～6nm。

从图5-7中可知，在反应初始的30min内，煤层气的转化率快速下降。这可能是在裂解反应过程中产生的积炭堵塞部分孔隙造成的，但是从上述比表面积数据可知，对于这么大的比表面积，这一因素明显不是导致它们快速下降的主要原因。因而，另外一些学者[26,27]认为炭材料初始催化活性的急剧下降可能与其表面含氧官能团的浓度有关，即炭材料催化活性的快速下降可能与它们表面含氧官能团在反应初始阶段被快速消耗有关。DT/AC和DT/YY-AC的傅里叶红外光谱图，如图5-9所示。从图5-9可以看出，在3400cm^{-1}处的宽吸收峰归属于羟基官能团。DT/YY-AC较DT/AC的吸收峰要强，说明添加生物质促进了所制炭材料中所含羟基数量的增加。在2082cm^{-1}处的吸收峰属于三键和累积双键区，DT/YY-AC较DT/AC的吸收峰要强，说明添加生物质促进了所制炭材料中三键和累积双键区的增加。在1082cm^{-1}附近的吸收峰归属于脂肪醚键等官能团的C—O伸缩振动。DT/YY-AC较DT/AC的吸收峰要强，说明添加生物质促进了所制炭材料中C—O基团的增加。这表明DT/YY-AC较DT/AC中含有更多的表面含氧官能团，从而导致DT/YY-AC具有更高的初始活性。在随后一段时间的反应内（大约2h），孔隙内的积炭沉积使得孔道逐渐被堵塞，因而炭材料的介孔数量越大则这一阶段持续时间越长，稳定性越好，越不易失活。

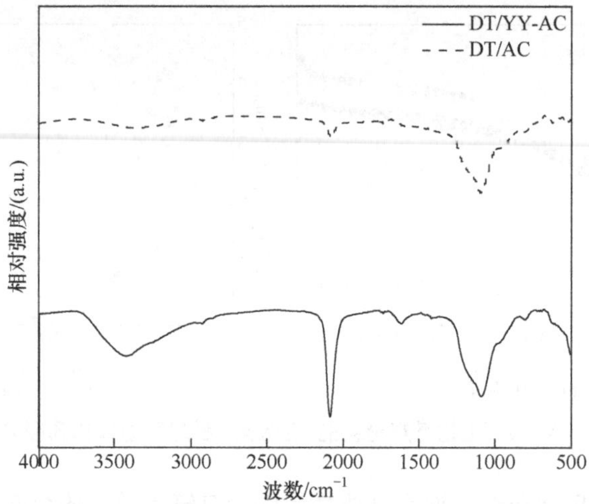

图 5-9　煤与煤/生物基炭材料傅里叶红外光谱图

DT/AC 和 DT/YY-AC 催化煤层气裂解反应前后的 SEM 图，如图 5-10 所示。从图 5-10（a）和（b）中可以看到，DT/YY-AC 较 DT/AC 表面开孔分布更加均匀。这可能与煤和生物质的协同热解有关，从而使得活化反应过程消耗更多的碳，最终导致 DT/YY-AC 具有更高的转化率和稳定性。从图 5-10（c）和（d）

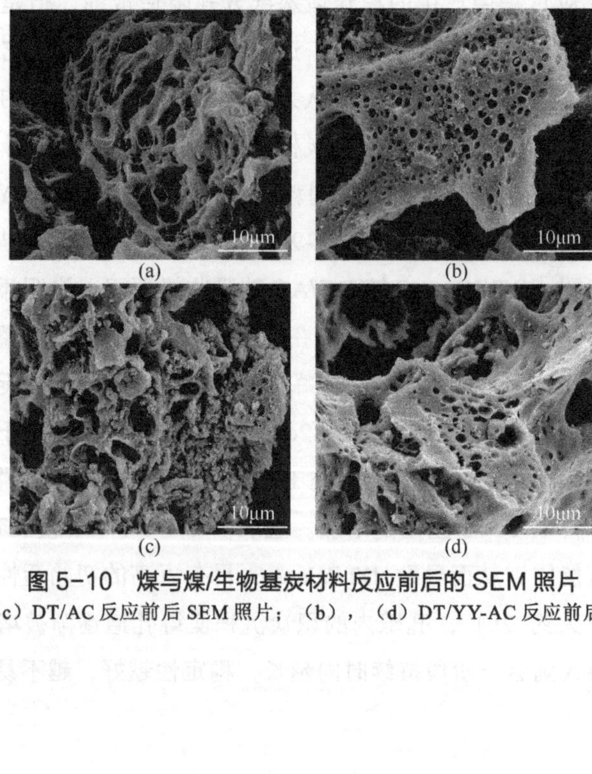

图 5-10　煤与煤/生物基炭材料反应前后的 SEM 照片

（a），（c）DT/AC 反应前后 SEM 照片；（b），（d）DT/YY-AC 反应前后 SEM 照片

中看到，DT/AC 催化裂解煤层气后，表面主要生成大量的碳球，而 DT/YY-AC 催化煤层气裂解反应后表面只是生成大量的碳球与碳纤维。这可能与两种炭材料表面的含氧官能团浓度有关。

5.2 煤/生物质基炭材料制备及其催化裂解煤层气性能研究

5.2.1 添加生物质对炭材料性质的影响

采用山西大同长焰煤（DT）作为碳源，三种常用绿化植被［榆叶梅（YY）、杨树（YS）和丁香（DX）］的树干作为生物源。长焰煤和三种生物质原料的工业分析和元素分析见表 5-10。从表 5-10 可以看出，DT 为一种典型的长焰煤。YS 的挥发分和灰分最多，而且它的 O 元素含量最高，同时含有一定的 S 元素，而 YY 和 DX 不含有 S 元素。分别将 DT 和生物质［质量比 3∶1 混合物（DT/YY、DT/YS 和 DT/DX）］与活化剂（KOH）混合［质量比 4∶1，同时加入去离子水和无水乙醇（各 24mL）］，所制炭材料标记为 DT/AC、DT/YY-AC、DT/YS-AC 和 DT/DX-AC。

表 5-10 原料工业分析和元素分析

样品	工业分析/%				元素分析/%				
	M_{ad}	A_d	V_{daf}	FC_{daf}	C	H	N	S	O①
DT	1.70	25.50	31.50	68.50	78.90	11.60	1.40	2.10	6.00
YY	6.63	3.20	81.67	18.33	46.13	5.68	0.70	0.00	47.49
YS	5.19	3.90	83.92	16.08	44.99	5.68	1.28	0.08	47.97
DX	5.78	2.35	83.89	16.11	46.82	5.83	0.74	0.00	46.61

① 数据通过差减法计算得出。

DT、YY、YS、DX、DT/YY、DT/YS 和 DT/DX 的 TG 与 DTG 曲线图，如图 5-11 所示。从图 5-11（a）中可以看到，YY、YS 和 DX 的失重主要发生在 216～380℃之间，其中 YS 和 DX 的失重量最多。DT/YY、DT/YS 和

DT/DX 的失重主要发生在 216～370℃和 370～470℃。其中，DT/YS 和 DT/DX 的失重量最多，表明煤中添加一定量的生物质可以促进其在 370～470℃的失重量增加，说明添加一定量的生物质可以促进煤的热解。这可能是煤与生物质二者协同热解的结果。从图 5-11（b）中可以看到，YY、YS 和 DX 的失重速率最大峰在 360℃左右，表明生物质在这一温度热解速率最快。DT 最大的 2 个失重速率峰在 380℃和 448℃左右，这是煤的一次热分解。另一个在 600℃左右，这是煤的二次热解或矿物质的分解。DT/YY、DT/YS 和 DT/DX 最大的两个失重速率峰在 366℃和 460℃左右，与 DT 的失重速率峰相比均发生前移，表明添加一定质量生物质可以促进 DT 的失重速率峰前移。而在 600℃的失重速率峰的变化不大，说明生物质的添加主要促进 DT 在较低温度失重速率的变化。

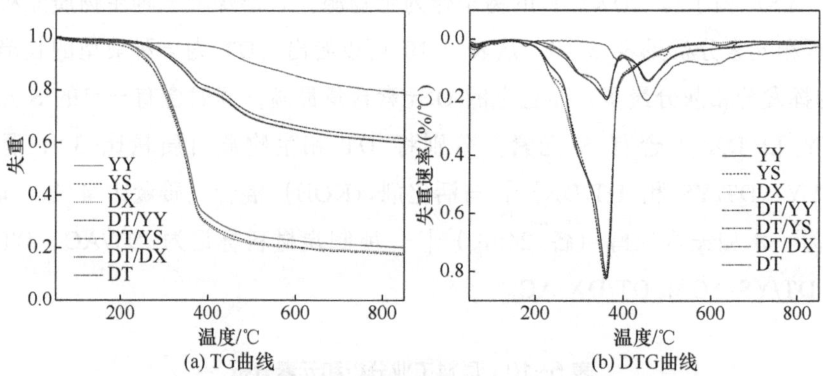

图 5-11　DT 和 DT/生物质的 TG 和 DTG 曲线

DT/AC、DT/YY-AC、DT/YS-AC 和 DT/DX-AC 所制炭材料的孔结构性质，如表 5-11 所示。从表 5-11 可以看出，DT/YY-AC 和 DT/DX-AC 比 DT-AC 的比表面积有轻微下降，而 DT/YS-AC 的比表面积最大，达到 2419m^2/g，其中 DT/YS-AC 的外比表面积最大，而 DT/DX-AC 内比表面积最大。DT/YY-AC 和 DT/DX-AC 的孔容减小，微孔占总孔容的比值增大。DT/YS-AC 的孔容增加，达到 1.66cm^3/g，微孔占总孔容的比值减小，表明添加不同种类的生物质对所制炭材料的介孔和孔容影响不同，YS 的添加有利于介孔和孔容的进一步发展。

表 5-11　DT/AC、DT/YY-AC、DT/YS-AC 和 DT/DX-AC 孔结构和微晶结构性质

样品	S_{BET}/(m^2/g)	S_{mic}/(m^2/g)	S_{ext}/(m^2/g)	V_t/(cm^3/g)	V_{mic}/(cm^3/g)	V_{mic}/V_t	D_{ave}/nm	I(D)/I(G)①
DT/AC	1984	179	1804	1.55	0.09	0.06	3.12	1.00
DT/YY-AC	1975	664	1311	1.30	0.30	0.23	2.65	0.98
DT/YS-AC	2419	411	2007	1.66	0.18	0.11	2.74	1.01
DT/DX-AC	1908	991	917	1.20	0.50	0.42	2.49	0.97

① 数据通过 Raman 计算得出。

DT/AC、DT/YY-AC、DT/YS-AC 和 DT/DX-AC 炭材料吸附-脱附的等温线和孔径分布曲线图，如图 5-12 所示。从图 5-12（a）中可以看出，DT/AC、DT/YY-AC 和 DT/YS-AC 氮吸附-脱附等温线均呈现出明显的迟滞回线，均为Ⅳ型曲线，说明这些样品中含有数量较多的介孔。其中，DT/YS-AC 等温线回滞的程度最为明显，表明 DT/YS-AC 样品所含介孔最多，这与表 5-11 中数据一致。而 DT/DX-AC 氮吸附-脱附等温线与横轴几乎平行，说明 DT/DX-AC 样品中含有较多数量的微孔，与表 5-11 数据一致。从图 5-12（b）中可以看出，DT/AC、DT/YY-AC、DT/YS-AC 和 DT/DX-AC 的介孔主要集中在 3～5nm 范围内，说明添加不同种类的生物质对炭材料孔径分布影响不同，其中 DT/YS-AC 具有最好的孔径分布。

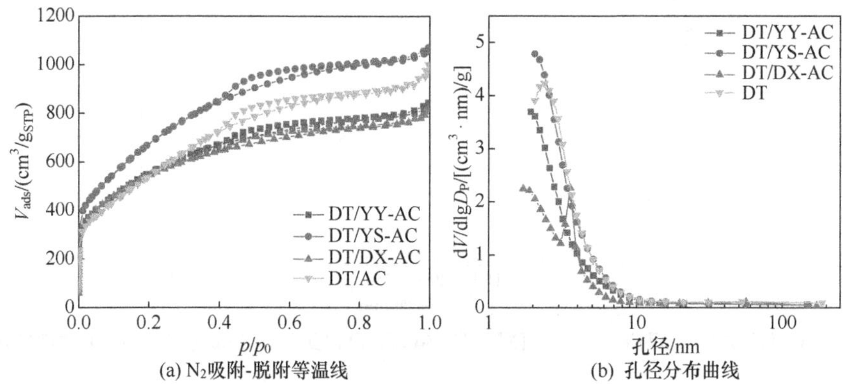

图 5-12　DT/AC、DT/YY-AC、DT/YS-AC 和 DT/DX-AC 的 N_2 吸附-脱附等温线和孔径分布曲线

5.2.2　煤/生物质基炭材料催化裂解煤层气性能研究

DT/AC、DT/YY-AC、DT/YS-AC 和 DT/DX-AC 催化煤层气裂解制氢反应

转化率的结果，如图 5-13 所示。从图 5-13 可以看出，与 DT/AC 相比，DT/YY-AC 和 DT/YS-AC 具有更高的初始活性，其中 DT/YS-AC 的初始活性最高。DT-AC、DT/YY-AC、DT/YS-AC 和 DT/DX-AC 在最初 30min 内转化率急剧降低，30～90min 内转化率处于稳定状态。它们在这一阶段的变化规律基本一致，随着反应时间的增加呈现出缓慢下降的趋势。DT/YS-AC 具有最高初始活性，与表 5-11 中 DT/YS-AC 有最大比表面积相一致，而 DT/YY-AC 较 DT/AC 的初始活性要高，DT/YY-AC 的比表面积却比 DT/AC 的要低。这说明炭材料催化煤层气的初始活性与其表面积并不是线性关系，这与罗化峰等[21]的论述一致。DT/YS-AC 在 30～90min 内的转化率明显高于 DT/YY-AC 和 DT/AC，这可能与 DT/YS-AC 具有较多的介孔有关。由此可知，在最初的 30min 内，煤层气转化率出现快速骤降可能与其表面含氧官能团的消耗有关。随着反应的进行，反应过程中所产生的积炭也越来越多，炭材料孔道堵塞也越严重，对于介孔数量多的 DT/YS-AC 来说，它比 DT/YY-AC 和 DT/AC 更加不易失活。

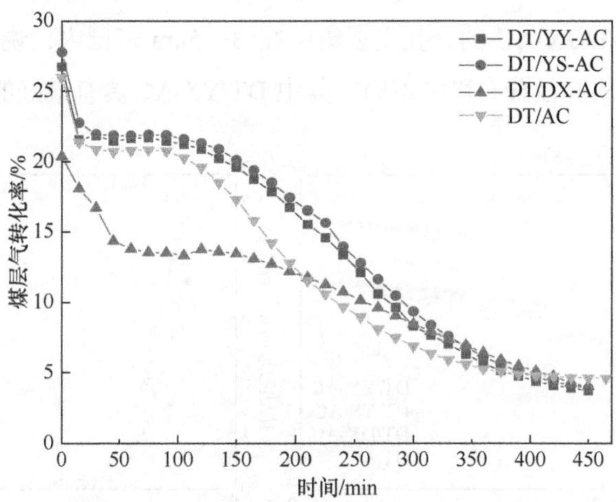

图 5-13 DT/AC、DT/YY-AC、DT/YS-AC 和 DT/DX-AC 催化煤层气裂解制氢转化率

为了考察所制炭材料具有较高初始活性的原因，测定了 DT/AC、DT/YY-AC、DT/YS-AC 和 DT/DX-AC 的傅里叶红外光谱图，如图 5-14 所示。在 $3400cm^{-1}$ 处的宽吸收峰归属于样品中的羟基。DT/YY-AC 和 DT/DX-AC 较 DT-AC 的吸收峰增强，这说明添加 YY 和 DX 可以促进二者炭材料中羟基的增加。而加入 YS 后，DT/YS-AC 较 DT/AC 的峰强减弱，这说明 YS 的加入促进了煤的热解，使得所含羟基数量减少。在 $2093cm^{-1}$ 处的吸收峰归属于三键和累积双键

区。DT/YY-AC、DT/YS-AC 和 DT/DX-AC 较 DT/AC 的吸收峰增强，说明生物质的添加促进了二者炭材料中三键和累积双键的增加。在 1670～1630cm^{-1} 内的吸收峰归属于羧酸、酸酐、内酯或者酮类的 C═O 伸缩振动。DT/YY-AC 和 DT/DX-AC 较 DT/AC 的吸收峰增强，说明 YY 和 DX 的加入促进了二者炭材料中 C═O 基团的增加。在 1316～980cm^{-1} 内的吸收峰归属于醇类、酚类等官能团的 C—O 伸缩振动或者 O—H 弯曲变形。DT/YY-AC 和 DT/YS-AC 较 DT/AC 的吸收峰增强，说明 YY 和 YS 的加入促进了二者炭材料中 C—O 和 O—H 基团的增加。由此可知，DT/YY-AC 和 DT/YS-AC 表面的含氧官能团较 DT/AC 呈现出增多的趋势，这是 DT/YY-AC 和 DT/YS-AC 具有高初始反应活性的主要影响因素之一。

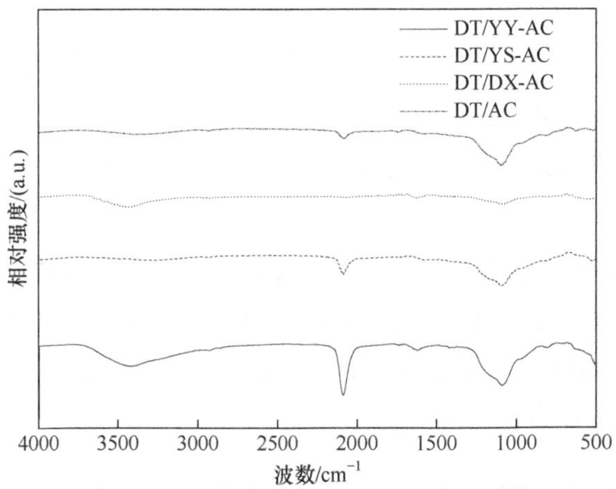

图 5-14　DT/AC、DT/YY-AC、DT/YS-AC 和 DT/DX-AC 的 FT-IR 光谱图

DT/AC、DT/YY-AC、DT/YS-AC 和 DT/DX-AC 的 Raman 谱图，如图 5-15 所示。炭材料的 Raman 吸收峰在 1345cm^{-1} 和 1595cm^{-1} 处，这两处分别为 D 峰和 G 峰。一般来说，D 峰表示石墨层的缺陷结构，而 G 峰表示石墨层碳-碳键的平面伸缩振动，它们的峰强或面积比主要反映炭材料结构的无序性[28]。一般地，I（D）/I（G）越大，表明炭材料结构越无序，说明该炭材料石墨化程度较低，表明其将会具有更多的表面缺陷度。通过软件计算可知，DT/AC、DT/YY-AC、DT/YS-AC 和 DT/DX-AC 的 I（D）/I（G）值分别为 1.00、0.98、1.01 和 0.97，可以看出 DT/YS-AC 的 I（D）/I（G）最大，说明 DT/YS-AC 比其他三种炭材料结构更加无序。这与 DT/YS-AC 具有好的煤层气催化裂解活性相一致，说明炭材料结构的无序性可能是其具有较高煤层气裂解反应活性的关键因素之一。

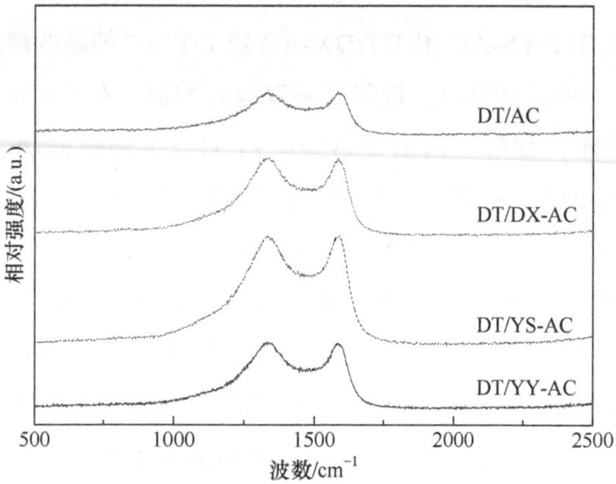

图 5-15 DT/AC、DT/YY-AC、DT/YS-AC 和 DT/DX-AC 的 Raman 谱图

DT/AC、DT/YY-AC、DT/YS-AC 和 DT/DX-AC 催化煤层气裂解反应前后的 SEM 图，如图 5-16 所示。从图 5-16(a)～(d)中可以看出，DT/AC、DT/YY-AC、DT/YS-AC 和 DT/DX-AC 表面的崎岖程度不同，这是因为 YY、YS 和 DX 的加入促进了煤的热分解，从而使得煤和 KOH 的反应过程中消耗了更多的碳。从图 5-16(e)～(h)中可以看出，经过煤层气催化裂解之后，DT/AC 表面沉积了大量的碳球，DT/YY-AC 和 DT/DX-AC 表面沉积了大量的碳球和碳纤维，而 DT/YS-AC 表面则沉积了较多的碳纤维。这与 DT/YS-AC 表面有较多的含氧官能团和其结构更无序有很大关系。

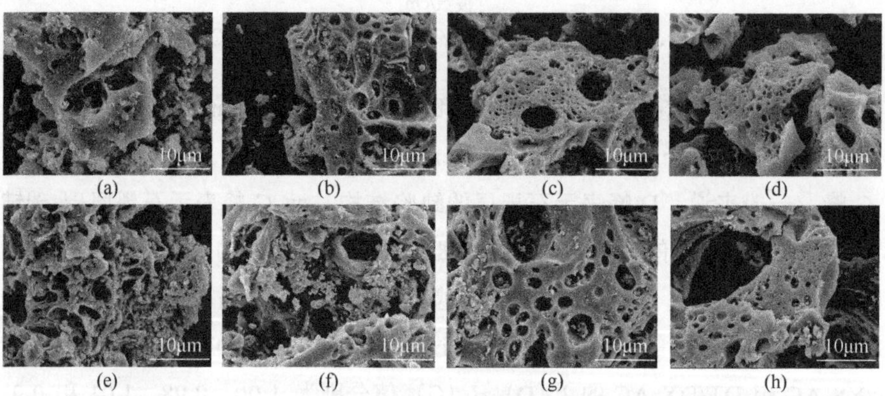

图 5-16 DT/AC、DT/YY-AC、DT/YS-AC 和 DT/DX-AC 反应前后的 SEM 图

（a），（e）DT/AC 反应前后；（b），（f）DT/YY-AC 反应前后；（c），（g）DT/YS-AC 反应前后；（d），（h）DT/DX-AC 反应前后

本章首次采用 Design-expert 软件构建了 4 因素 3 水平的煤/生物基分级多孔

炭材料的实验方案，并通过构建模型和影响因素分析，最终求得该实验方案的最优解，将该最优解与实验值进行对比分析。通过煤原位添加 YY、YS 和 DX 与 KOH 化学活化法相结合的方法制备三种新型煤/生物基活性炭材料 DT/YY-AC、DT/YS-AC 和 DT/DX-AC，并将其应用于催化煤层气裂解制氢。结果表明，利用 Design-expert 软件构建 4 因素 3 水平实验方案，并结合 29 组具体实验的转化率和氢产率数据进行影响因素计算，发现温度和碱碳比是煤/生物基分级多孔炭制备的主要影响因素。利用 Design-expert 软件对煤/生物基分级多孔炭制备过程影响因素进行优化计算，理论最优条件为：温度为 850℃、碱碳比为 4∶1、溶剂量为 48mL、生物质添加量为 1g。在该最优条件下，煤/生物基炭材料催化裂解煤层气制氢具有好的初始活性和稳定性，说明生物质替代 25%的煤所制分级多孔炭材料是可行的。利用 Design-expert 软件拟合出转化率和氢产率与各影响因素的计算公式，并将转化率的理论值与实验值进行对比分析，两者之间的最大误差为 3.30%和 3.40%，说明通过 Design-expert 软件对煤/生物基分级多孔炭材料制备过程影响因素的设计和优化是可行的。这不仅可以减少实验数量，也可以达到预测最优制备条件和实验结果的目的。煤原位添加生物质可以改变所制炭材料的表面化学性质和结构。添加的生物质种类不同，炭材料的比表面积以及孔容也不同，DT/YS-AC 的比表面积最大为 2419m^2/g，其介孔数也最多，其催化效果相比 DT/YY-AC 和 DT/DX-AC 也最好。DT/YS-AC 催化煤层气裂解制氢的转化率要高于 DT/AC 的转化率，这与 DT/YS-AC 比 DT/AC 有较高的比表面积和无序结构相关。DT/YY-AC 和 DT/YS-AC 比 DT/AC 具有更高的初始活性，这与其表面含有较多的含氧官能团有关。DT/AC 催化煤层气裂解制氢过程中积炭的主要形态是大量的碳球，DT/YY-AC 和 DT/DX-AC 的主要积炭形式是大量的碳球和碳纤维，而 DT/YS-AC 表面则沉积了较多的碳纤维，这与 DT/YS-AC 表面有较多的含氧官能团及其结构更无序有很大的关系。

参考文献

[1] Muhammad A F S, Awad A, Saidur R, et al. Recent advances in cleaner hydrogen productions via thermo-catalytic decomposition of methane: admixture with hydrocarbon[J]. Int J Hydrog Energy, 2018, 43: 18713-18734.

[2] 倪吉．“双碳”目标下中国能源 CO_2 减排路径研究[J]. 中国石油和化工, 2021,

(05): 44-47.
[3] 闵楠, 黄昊英. “碳达峰・碳中和”背景下的煤化工产业发展[J]. 化工管理, 2021, (11): 83-84.
[4] 闫泽. 浅析碳中和政策影响下发展现代煤化工的思路[J]. 当代化工研究, 2021, (02): 8-9.
[5] 朱瑞静, 穆满根, 荆丽波, 等. 我国煤层气开发现状及展望[J]. 能源与环境, 2020, (04): 24, 45.
[6] 葛坤, 朱卫中, 张卫珂, 等. 煤层气开发利用现状及展望[J]. 内蒙古煤炭经济, 2016, (24): 38-40.
[7] 黄宇. 煤层气综合利用现状及趋势研究[J]. 工程技术研究, 2020, 5(19): 248-249.
[8] 罗申国, 宋沛鑫, 冯大伟. 我国煤层气开发利用现状及综合利用途径分析[J]. 煤炭加工与综合利用, 2020, (07): 83-87.
[9] Kothari R, Buddhi D, Sawhney R L. Sources and technology for hydrogen production: a review[J]. Int J Glob Energy Issues, 2004, 21: 154-178.
[10] Abanades A, Rubbia C, Salmieri D. Thermal cracking of methane into hydrogen for a CO_2-free utilization of natural gas[J]. Int J Hydrogen Energy, 2013, 38: 8491-8496.
[11] Ren J, Cao J, Zhao X, et al. Extension of catalyst lifetime by doping of Ce in Ni-loaded acid-washed Shengli lignite char for biomass catalytic gasification[J]. Catalysis Science & Technology, 2017, 7: 5741-5749.
[12] Shen Y, Lua A C. Synthesis of Ni and Ni-Cu supported on carbon nanotubes for hydrogen and carbon production by catalytic decomposition of methane[J]. Applied Catalysis B: Environmental, 2015, 164: 61-69.
[13] Bayat N, Rezaei M, Meshkani F. Hydrogen and carbon nanofibers synthesis by methane decomposition over Ni-Pd/Al_2O_3 catalyst[J]. International Journal of Hydrogen Energy, 2016, 41: 5494-5503.
[14] Jana P, Víctor A, Coronado J M, et al. Cobalt based catalysts prepared by Pechini method for CO_2-free hydrogen production by methane decomposition[J]. International Journal of Hydrogen Energy, 2010, 35: 10285-10294.
[15] Nuernberg G B, Fajardo H V, Mezalira D Z, et al. Preparation and evaluation of Co/Al_2O_3 catalysts in the production of hydrogen from thermo-catalytic decomposition of methane: influence of operating conditions on catalyst performance[J]. Fuel, 2008, 87: 1698-1704.
[16] Ashok J, Kumar S N, Venugopal A, et al. CO_x-free hydrogen by methane decomposition over activated carbons[J]. Catalysis Communications, 2008, 9: 164-169.
[17] Calafat A, Sanchez N. Production of carbon nanotubes through combination of catalyst reduction and methane decomposition over Fe-Ni/ZrO_2 catalysts prepared by the citrate method[J]. Applied Catalysis A: General, 2016, 528: 14-23.

[18] Italiano G, Delia A, Espro C, et al. Methane decomposition over Co thin layer supported catalysts to produce hydrogen for fuel cell[J]. International Journal of Hydrogen Energy, 2010, 35: 11568-11575.
[19] Dasireddy V D B C, Likozar B. Activation and decomposition of methane over cobalt-, copper-, and iron-based heterogeneous catalysts for CO_x-free hydrogen and multiwalled carbon nanotube production[J]. Energy Technology, 2017, 5: 1344-1355.
[20] Luo H F, Qiao Y D, Ning Z X, et al. Effect of thermal extraction on coal-based activated carbon for methane decomposition to hydrogen[J]. ACS Omega, 2020, 5: 2465-2472.
[21] 罗化峰, 李通达, 乔元栋, 等. $Mg(NO_3)_2$对煤基活性炭及其催化甲烷裂解制氢的影响[J]. 现代化工, 2021, 41(7): 174-178.
[22] 罗化峰, 李通达, 乔元栋, 等. $Ca(OH)_2$ 对煤基活性炭及其催化甲烷裂解制氢的影响[J]. 现代化工, 2021, 41(4): 162-166.
[23] 王婧薇. 生物质热解制氢中钙基催化剂的作用机理研究[D]. 济南: 齐鲁工业大学, 2021.
[24] 刘俊旭. 木质纤维素生物质催化重整与水煤气变换耦合制备高纯氢的研究[D]. 合肥: 中国科学技术大学, 2018.
[25] 王翔, 崔广文, 李慧焕, 等. 采用 Design-expert 对浮选试验进行设计分析与优化[J]. 选煤技术, 2019, (2): 29-33.
[26] Zhang J, Li X, Xie W, et al. Handy synthesis of robust Ni/carbon catalysts for methane decomposition by selective gasification of pine sawdust[J]. Int J Hydrogen Energy, 2018, 43: 9414-9419.
[27] Zhang J, Ren M, Li X, et al. Syngas production by integrating CO_2 partial gasification of pine sawdust and methane pyrolysis over the gasification residue[J]. Int J Hydrogen Energy, 2019, 44: 19742-19754.
[28] Kameya Y, Hanamura K. Kinetic and Raman spectroscopic study on catalytic characteristics of carbon blacks in methane decomposition[J]. Chem Eng J, 2011, 173(2): 627-635.

第6章 煤/烟头基炭材料制备优化及其催化裂解煤层气性能研究

废弃烟头（UCF）作为一种一次性、不可生物降解和有毒的物质，其主要成分是醋酸纤维，但由于使用后含有焦油、尼古丁等杂质[1,2]，导致其不能直接回收利用，直接填埋容易造成对土壤的污染，因此需要寻找一种绿色、高效的方式来实现高附加值利用。为了进一步降低炭基催化剂的成本，有必要采用废弃碳源来替代一部分煤，同时二者也可能发生协同热解促进所制炭材料结构性质的改变，正好符合上述要求。与许多消费品不同，UCF 的回收并不能带来实际价值[3,4]，因此一直处于被直接丢弃的状态。直到最近，一些研究者[5-8]才开始关注 UCF 的深层次利用问题，研究内容主要集中在将 UCF 转化为各种功能材料和作为辅助碳源添加到其他材料的合成过程中，然而将其直接炭化并应用于煤层气裂解制氢的研究尚未见报道。设想如果能够将 UCF 作为辅助碳源添加到煤中，通过氢氧化钾（KOH）化学活化法直接制成 UCF/煤基复合多孔炭材料，并应用于煤层气裂解制氢，这不仅可以为煤层气裂解制氢找到一种低值、高效的催化剂，也可以实现 UCF 的高附加值利用。

罗化峰等[9]在前期的研究过程中发现，实验制备过程中不仅要考虑温度、碱碳比、溶剂量和其他碳源添加量因素对制备过程的影响，还需考虑它们的不同取值对转化率的影响。为了寻找最优实验方案，理论上需要大量的基础实验来获得最优条件，这势必要消耗大量的实验时间和材料。为了有效地减少实验工作量，本章创新性地使用 Design-expert 软件对影响因素进行优化设计，并通过响应曲面法和较少的实验数据对各影响因素与转化率的关系进行分析；建立相应的拟合回归方程，最终得出理论最优解，并与实验值进行对比分析；验证 Design-expert 软件在多因素、多水平条件下的预测可靠性，从而有效地减少实验的工作量。在上述最优解下，分别考察添加纯醋酸纤维、废弃烟头、抽提处理后烟头对所制炭材料表面化学和晶体结构的影响以及该炭材料催化裂解煤层气制氢机理。

6.1 基于 Design-expert 软件的煤/醋酸纤维基炭材料制备优化

6.1.1 Design-expert 软件分析

为了研究温度（*A*）、碱碳比（*B*）、溶剂量（*C*）和醋酸纤维量（*D*）因素对煤/醋酸纤维基分级多孔炭材料制备过程的影响，实验条件设定为 4 因素 3 水平，见表 6-1。煤或煤和醋酸纤维所制炭材料标记为 DT/AC、DT/CS-AC(炭化后通过 3mol/L 的稀硫酸洗涤)。

表 6-1 实验影响因素与水平

水平	因素			
	A	*B*	*C*	*D*
	温度/℃	碱碳比	溶剂量/mL	醋酸纤维量/g
1	650	2∶1	32	1.00
2	750	3∶1	40	1.50
3	850	4∶1	48	2.00

利用 Design-expert 软件对 4 影响因素 3 水平实验条件进行设计，共得出 29 组正交实验。利用固定床反应器对 29 组实验中所得催化剂进行评价，获得煤层气裂解制氢转化率和氢产率的平均值，见表 6-2。利用 Design-expert 软件对实验结果进行分析，从而获得判定各因素对催化裂解煤层气转化率和氢产率影响程度的结果，见表 6-3。各影响因素对转化率的影响程度为：均方 *A*（温度）= 111.40，均方 *B*（碱碳比）=276.76，均方 *C*（溶剂量）=1.22，均方 *D*（醋酸纤维量）=16.96，其中碱碳比的均方值最大，表明碱碳比对转化率的影响最大，其次是温度、醋酸纤维量和溶剂量。与上述结果类似，各影响因素对氢产率的影响程度为：均方 *A*（温度）=1.30，均方 *B*（碱碳比）=3.52，均方 *C*（溶剂量）= 0.02，均方 *D*（醋酸纤维量）=0.21，表明碱碳比对氢产率影响最大，其次是温度、醋酸纤维量和溶剂量。

表 6-2 正交实验设计结果

序号	*A*	*B*	*C*	*D*	转化率/%	氢产率/%
1	650	2	40	1.50	3.06	0.31
2	850	2	40	1.50	12.48	1.31
3	650	4	40	1.50	13.58	1.46
4	850	4	40	1.50	16.79	1.81
5	750	3	32	1.00	10.42	1.09
6	750	3	48	1.00	10.08	1.04
7	750	3	32	2.00	11.60	1.22
8	750	3	48	2.00	9.48	0.99
9	650	3	40	1.00	11.41	1.21
10	850	3	40	1.00	16.66	1.80
11	650	3	40	2.00	3.87	0.39
12	850	3	40	2.00	11.68	1.23
13	750	2	32	1.50	8.28	0.86
14	750	4	32	1.50	11.96	1.27
15	750	2	48	1.50	3.93	0.40
16	750	4	48	1.50	15.84	1.72
17	650	3	32	1.50	5.03	0.51
18	850	3	32	1.50	8.07	0.82
19	650	3	48	1.50	6.02	0.61
20	850	3	48	1.50	13.85	1.47
21	750	2	40	1.00	5.56	0.57
22	750	4	40	1.00	19.32	2.15
23	750	2	40	2.00	4.55	0.46
24	750	4	40	2.00	18.00	1.98
25	750	3	40	1.50	6.30	0.66
26	750	3	40	1.50	6.31	0.66
27	750	3	40	1.50	6.31	0.66
28	750	3	40	1.50	6.31	0.66
29	750	3	40	1.50	6.31	0.66

表 6-3 实验结果方差分析

响应值		*A*	*B*	*C*	*D*
转化率	平方和	111.40	276.76	1.22	16.96
	自由度	1	1	1	1
	均方	111.40	276.76	1.22	16.96
氢产率	平方和	1.30	3.52	0.02	0.21
	自由度	1	1	1	1
	均方	1.30	3.52	0.02	0.21

利用 Design-expert 软件首先对表 6-2 中的数据进行归一化处理，结果与表 5-3 类似，然后运用 Design-expert 软件中的 Box-Behnken 功能对归一化处理数据进行分析，结果见表 6-3。从表 6-3 可以看出，影响催化煤层气裂解转化率和氢产率的两个最主要因素分别为温度（*A*）和碱碳比（*B*），因此分别选取上述两个主要因素建立关系模型，从而得出响应曲面的拟合方程。煤层气催化裂解转化率的模拟方差以及可靠性分析结果，见表 6-4。煤层气催化裂解转化率的拟合残差图和响应曲面图，如图 6-1 和图 6-2 所示。从表 6-4 中可以看出，*F* 值越大，*P* 值越小，表明对实验分析的结果越可靠，转化率的模型 *P* 值<0.0001，说明实验拟合方程是极其显著的。从图 6-1 中可以看出，各拟合点基本分布在直线附近，说明残差值较小，表明拟合度的计算结果很好。从图 6-2 可以看出，利用 Design-expert 软件 ANOVA 功能拟合出的响应曲面很好地体现了温度（*A*）和碱碳比（*B*）对转化率的影响，同时也得到了转化率（Y_1）与温度（*A*）和碱碳比（*B*）的拟合方程为:

$$Y_1 = 8.29 + 3.05A + 4.8B - 1.55AB + 1.1A^2 + 2.46B^2 \tag{6-1}$$

式中，Y_1表示转化率，%。

表 6-4 转化率模拟方差及可靠性分析

响应值	平方和	自由度	均方	*F*	*P*
模型	443.62	5	88.72	12.51	<0.0001
A	111.40	1	111.40	15.70	0.0006
B	276.76	1	276.76	39.02	<0.0001

续表

响应值	平方和	自由度	均方	*F*	*P*
AB	9.62	1	9.62	1.36	0.2561
A^2	8.40	1	8.40	1.18	0.2877
B^2	41.72	1	41.72	5.88	0.0236

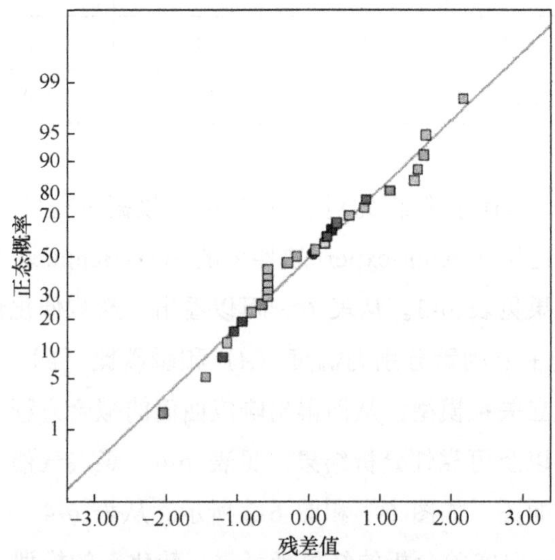

图 6-1　转化率拟合残差图

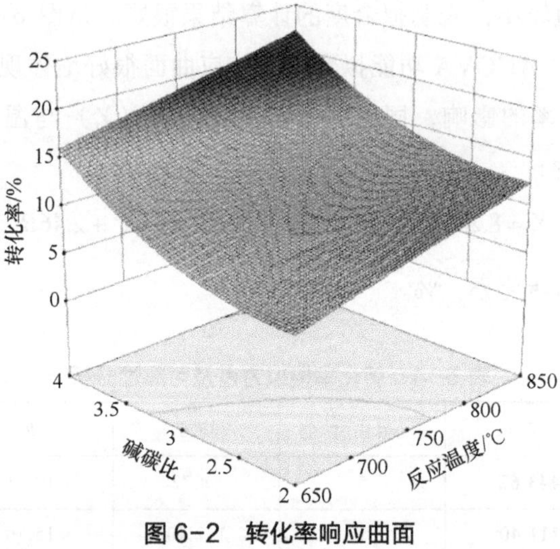

图 6-2　转化率响应曲面

煤层气催化裂解氢产率的模拟方差以及可靠性分析结果，见表 6-5。煤层气催化裂解氢产率的拟合残差图和响应曲面图，如图 6-3 和图 6-4 所示。从表 6-5 中可以看出，F 值越大，P 值越小，表明对实验分析的结果越可靠，氢产率的模型 P 值<0.0001，说明实验拟合方程是极其显著的。从图 6-3 中可以看出，各拟合点基本分布在直线附近，说明残差值较小，表明拟合度的计算结果很好。从图 6-4 可以看出，利用 Design-expert 软件 ANOVA 功能拟合出的响应曲面很好地体现了温度（A）和碱碳比（B）对氢产率的影响，同时也得到了氢产率（Y_2）与温度（A）和碱碳比（B）的拟合方程为：

$$Y_2 = 0.87 + 0.33A + 0.54B - 0.16AB + 0.11A^2 + 0.29B^2 \tag{6-2}$$

式中，Y_2 表示氢产率，%。

表 6-5 氢产率模拟方差及可靠性分析

响应值	平方和	自由度	均方	F	P
模型	5.53	5	1.11	12.53	<0.0001
A	1.30	1	1.30	14.74	0.0008
B	3.52	1	3.52	39.83	<0.0001
AB	0.11	1	0.11	1.21	0.2835
A^2	0.10	1	0.10	1.03	0.3210
B^2	0.57	1	0.57	6.41	0.0186

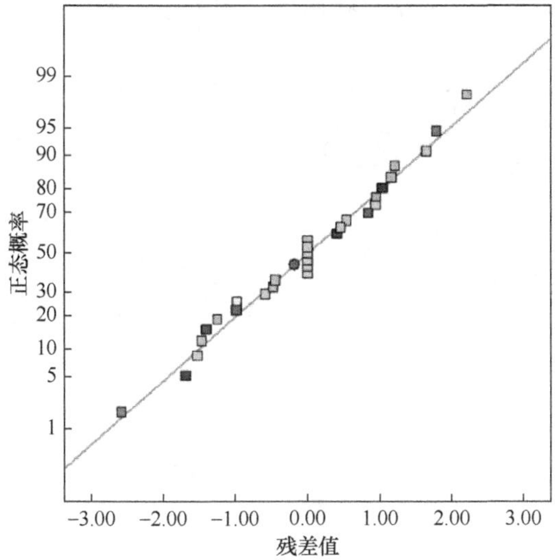

图 6-3 氢产率拟合残差图

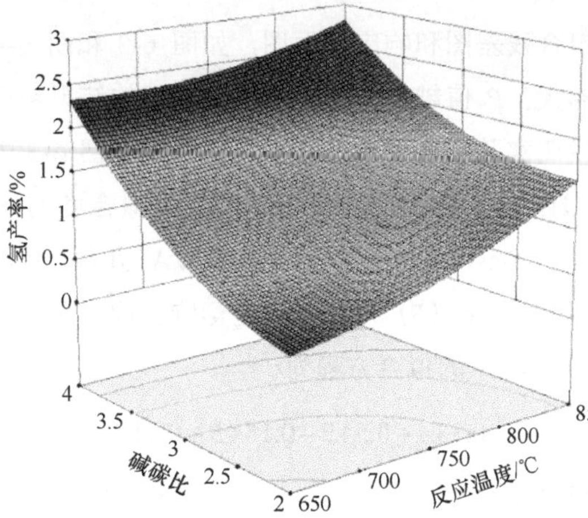

图 6-4　氢产率响应曲面

6.1.2　实验优化与最优解分析

在上述实验结果分析和模型拟合的基础上，进一步利用 Design-expert 中的 Optimization 功能对实验参数做了优化，从而实现煤/醋酸纤维基分级多孔炭催化裂解煤层气的最高转化率和氢产率。由转化率、氢产率拟合方程确定的等高线，如图 6-5、图 6-6 所示。从图 6-5、图 6-6 可以看出，随着温度和碱碳比的增加，转化率和氢产率呈现出增长的趋势。在确定其他两个次要因素的情况下，调整主要影响因素 *A*（温度）和 *B*（碱碳比）的参数，通过软件分析可以计算出结

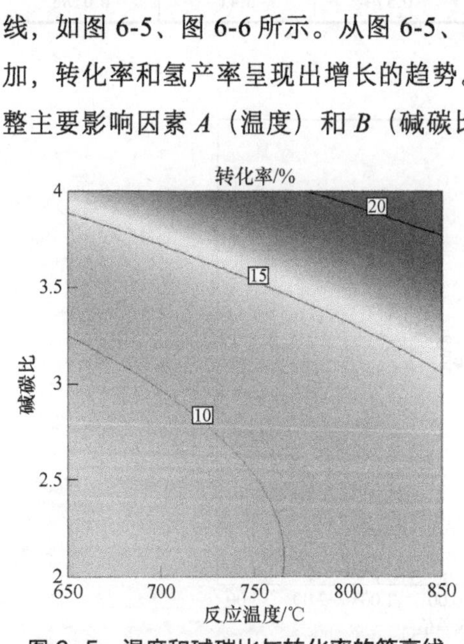

图 6-5　温度和碱碳比与转化率的等高线

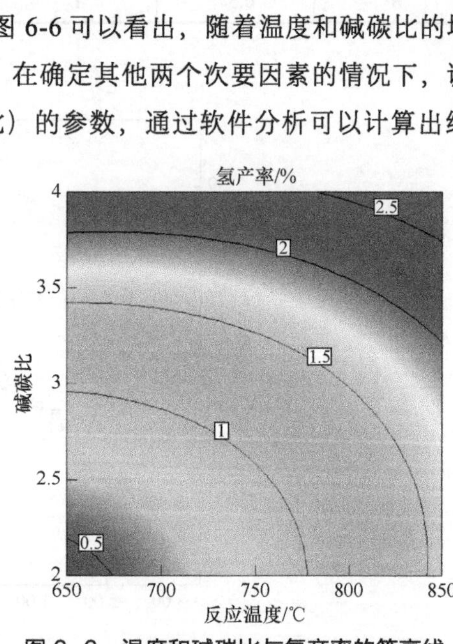

图 6-6　温度和碱碳比与氢产率的等高线

果，见表 6-6。从表 6-6 可以看出，要得到较高的转化率和氢产率，温度要控制在 850℃，因为较高的温度有利于醋酸纤维和煤的热解，也有利于 KOH 活化反应的进行，这将有利于产生更多的介孔。碱碳比增加到 4∶1 则可能使反应过程中碱的添加过量，从而促进活化反应的发生，这将可能使炭材料产生更多的介孔。溶剂量增加为 48mL，这将有助于醋酸纤维、煤和 KOH 的有效溶解与接触，从而促进后续热解和活化反应的发生。醋酸纤维和煤的质量比达到 1∶3 时，实验过程既可以利用醋酸纤维代替 25%的煤，也可以实现醋酸纤维和煤的协同热解，从而使得所制炭材料的孔径分布更多的趋于介孔，达到提高转化率和氢产率的目的。

表 6-6　优化配合比及实验结果

序号	反应温度/℃	碱碳比	溶剂量/mL	醋酸纤维量/g	转化率/%	氢产率/%
1	850.00	4.00	47.81	1.00	22.18	1.98
2	849.41	3.99	47.97	1.00	22.14	1.97
3	849.99	4.00	47.03	1.00	22.14	1.97
4	849.99	4.00	46.23	1.00	22.11	1.96
5	850.00	4.00	46.13	1.00	22.11	1.96
6	847.58	4.00	47.79	1.00	22.10	1.96
7	850.00	4.00	47.33	1.00	22.10	1.94
8	849.99	4.00	45.92	1.00	22.10	1.89
9	849.99	4.00	45.65	1.00	22.09	1.65

由于 Design-expert 模拟计算出的最优方案中温度和碱碳比对转化率和氢产率影响最大，因此，本章采用单因素变量对实验的最优条件进行外延研究，结果如图 6-7 所示。从图 6-7 可以看出，无论是碱碳比增加到 5∶1，还是温度进一步升高到 900℃，其催化效果都不及最优方案，说明上述分析所得最优条件确实是该实验条件下的最优结果。这可能是因为 KOH 的过量添加和温度进一步升高导致所制炭材料的孔结构坍塌，介孔数量减少，从而降低了其对煤层气制氢的催化效果。

从表 6-6 的最佳优化配合比中选取 6、7、8 和 9 四组最优计算结果开展验证实验，结果见表 6-7。从表 6-7 中可以看出，通过实验所测转化率与理论转化率之间的最大误差为 3.05%，这说明使用 Design-expert 软件设计建立的转化率与温度、碱碳比、溶剂量和醋酸纤维量的关系模型准确且可靠。

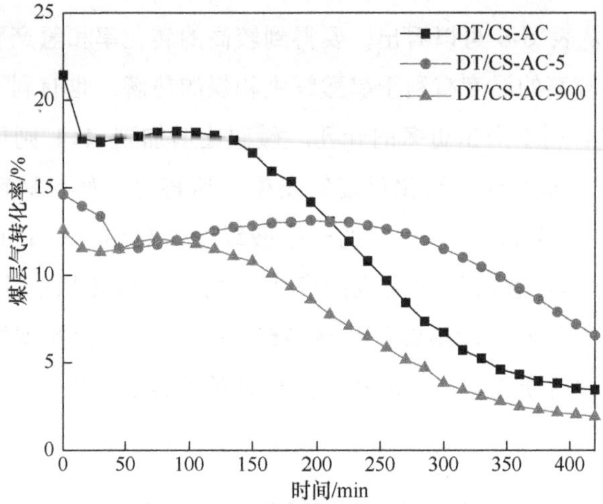

图 6-7　DT/CS-AC、DT/CS-AC-5 和 DT/CS-AC-900 催化裂解煤层气转化率

表 6-7　实验结果验证

序号	理论转化率/%	实际转化率/%
6	22.11	21.44
7	22.10	22.02
8	22.10	21.43
9	22.09	21.54

在最优条件下，煤与煤/醋酸纤维基炭材料催化煤层气裂解制氢转化率随时间的变化关系，如图 6-8 所示。从图 6-8 中可以看到，原煤具有最高的初始活性，原煤/醋酸纤维具有好的稳定性。两种炭材料催化煤层气裂解制氢反应过程为，在最初的 30min 内，转化率快速下降，接着会有一段时间呈现出缓慢下降的趋势，最后随着反应时间的进一步延长而快速下降并直至失活，与罗化峰等[9]、王焦飞[10]和张建波[11]的研究结果相似。煤/醋酸纤维基炭材料较煤基炭材料在 150～300min 中具有了更高的转化率，这可能与二者的比表面积有关。通过氮吸附的测试表明，煤基炭材料的总比表面积为 1984m^2/g，其中内比表面积 179m^2/g，外比表面积 1805m^2/g。煤/醋酸纤维基炭材料的总比表面积为 2615m^2/g，其中内比表面积 1325m^2/g，外比表面积 1290m^2/g。由于煤基炭材料的外比表面积较大，因此该炭材料在反应的前期具有高的转化率，而煤/醋酸纤维基炭材料的内比表面积较大，导致该炭材料在反应的中期具有较好的转化率。为了进一步探讨炭材料结构性质对催化裂解煤层气转化率的影响，本章依据氮吸附的数据结果，绘制

了煤基炭材料和煤/醋酸纤维基炭材料的孔径分布，如图 6-9 所示。从图 6-9（a）中可以看出，原煤基炭材料的氮吸附-脱附等温线均呈现出迟滞回线，说明该样品中含有大量的介孔。煤/醋酸纤维基炭材料的等温线相对接近平行于 p/p_0 轴，说明它们是多微孔材料。从图 6-9（b）中可以看出，煤基炭材料和煤/醋酸纤维基炭材料的介孔主要集中在 2～5nm，而煤/醋酸纤维基炭材料较煤基炭材料的微孔更多，说明醋酸纤维的加入主要促进炭材料微孔的增加。煤和煤/醋酸纤维基炭材料的孔容数据，如表 6-8 所示。从表 6-8 可以看出，添加醋酸纤维所制炭材料的微孔孔容由 0.08cm³/g 增加到了 0.59cm³/g，说明醋酸纤维的加入促进所制炭材料中微孔的增加，这与图 6-9 的结果一致。

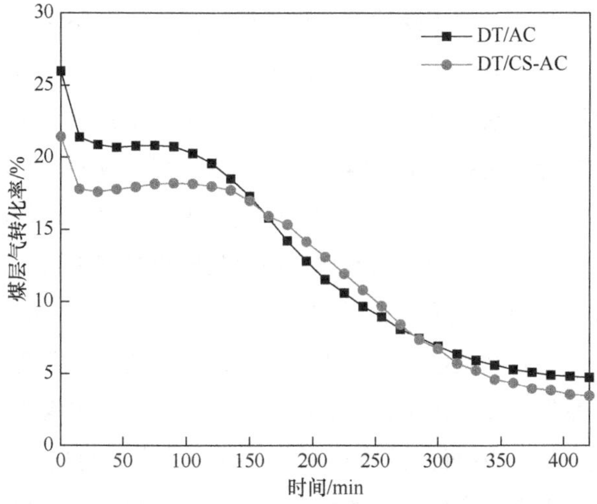

图 6-8　DT/AC 与 DT/CS-AC 催化裂解煤层气转化率

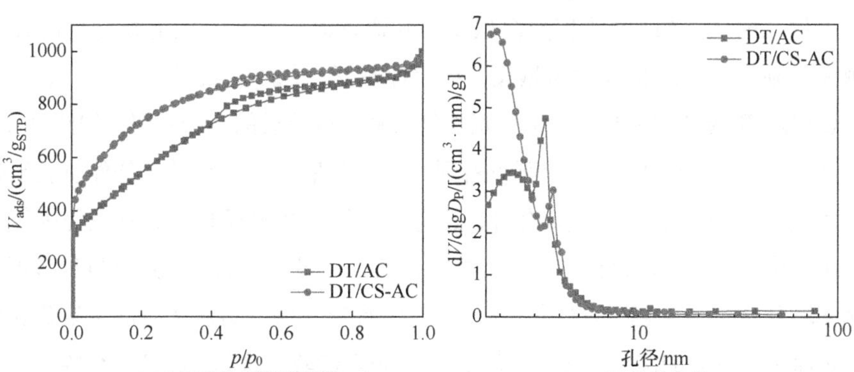

图 6-9　DT/AC 和 DT/CS-AC 的氮吸附-脱附等温线和相应的孔径分布

表 6-8 煤和煤/醋酸纤维基炭材料的孔容

样品	孔容/（cm^3/g）		
	总孔容	微孔	介孔
煤基炭材料	1.55	0.08	1.47
煤/醋酸纤维基炭材料	1.52	0.59	0.93

醋酸纤维、煤和煤/醋酸纤维的 TG 和 DTG 曲线如图 6-10(a)中可以看到，醋酸纤维在 230℃到 380℃之间失重 77%，最大失重速率在 380℃左右，说明醋酸纤维在 380℃之前基本完成全部热解。煤/醋酸纤维的失重和失重速率变化趋势与原煤相比，发生了不同程度的变化，表明添加醋酸纤维可以改变原煤的热解特性。图 6-10（b）中可以看到煤的失重速率峰有三个，其中两个在 380℃和 448℃左右，属于煤的第一次热解。另一个在 650℃左右，属于煤的第二次热解或矿物质的分解。加入醋酸纤维后煤样在 380℃和 448℃左右的失重量增加了，这是因为醋酸纤维的分解会促进煤的第一次热解。煤样在 650℃的二次热解或矿物质的分解量在醋酸纤维加入后基本不变，说明了醋酸纤维对煤的二次热解影响很小。因此醋酸纤维与煤的协同热解主要发生在较低温度，因而促进了二者微孔的形成。以上结果表明炭材料催化裂解煤层气制氢不仅与其表面积有关，而且与其孔径的分布也有一定的关系。在反应初始的 30min 内，煤层气转化率的快速下降可能是在裂解反应过程中产生的积炭堵塞部分孔隙造成的。但是从上述比表面积数据可知，对于这么大的比表面积，这一因素明显不是导致它们快速下降的主要原因。因而，另外一些学者[12,13]认为炭材料初始催化活性的急剧下降可能与其表面含氧官能团的浓度有关，即炭材料催化活性的快速下降可能与它们表面含氧官能团在反应初始阶段被快速消耗有关。在随后一段时间的反应内（大约 2h），孔隙内的积炭沉积使得孔道逐渐被堵塞，因而炭材料的介孔数量越大，则这一阶段持续时间越长，稳定性越好，越不易失活。

煤与煤/醋酸纤维基炭材料催化煤层气裂解反应前后的 SEM 图，如图 6-11 所示。从图 6-11（a）和（b）中可以看到，煤与醋酸纤维按照最优条件所制炭材料较原煤炭材料表面所开孔更加均匀。这可能与煤和醋酸纤维在热解过程中相互协同，从而使得活化反应过程中消耗更多的碳有关，最终导致后者炭材料具有更高的转化率和稳定性。从图 6-11（c）和（d）中看到，煤所制炭材料催化裂解煤层气后，表面生成少量的碳纤维和大量的碳球，而煤/醋酸纤维基炭材料催化煤层气裂解反应后表面只是生成大量的碳球，这可能与两种炭材料表面的含氧官能团浓度有关。

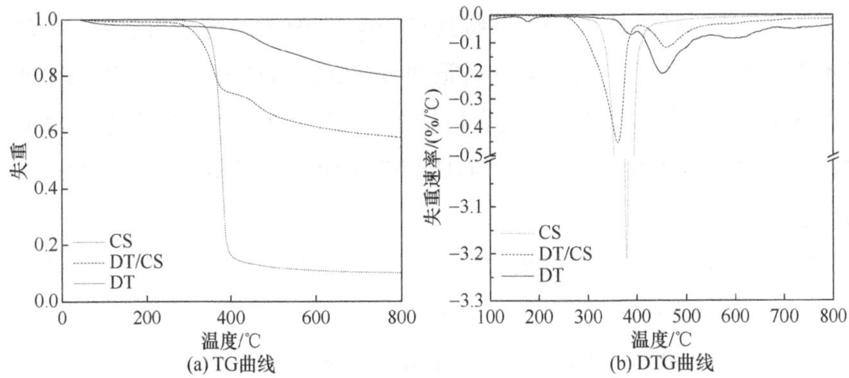

图 6-10　CS、DT 和 DT/CS 的 TG 和 DTG 曲线

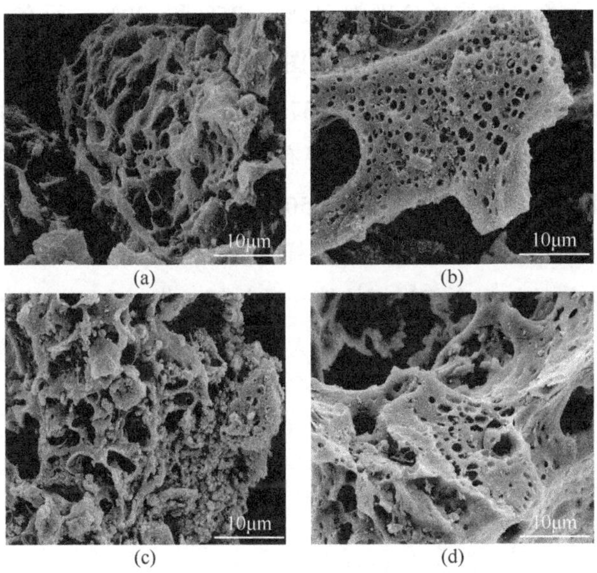

图 6-11　煤与煤/醋酸纤维基炭材料反应前后的 SEM 照片

（a），（c）原煤炭材料反应前后；（b），（d）煤/醋酸纤维基炭材料反应前后

6.2　煤/烟头基炭材料制备及其催化裂解煤层气制氢性能研究

6.2.1　添加烟头对炭材料性质的影响

称取一定质量的煤以及煤/纯醋酸纤维、煤/烟头和煤/抽提烟头的混合物（质

量比 3∶1），总质量维持在 4g，并将其与 16g KOH 混合置于坩埚内，再加入去离子水和乙醇各 24mL，所制炭材料记为 DT/AC、DT/CS-AC、DT/YT-AC 和 DT/UN-YT-AC。煤/抽提烟头的混合物质在 550℃、650℃、750℃和 850℃所制炭材料标记为 DT/UN-YT-550、DT/UN-YT-650、DT/UN-YT-750 和 DT/UN-YT-850。

DT、CS、YT、UN-YT 以及 DT/YT、DT/CS 和 DT/UN-YT 混合物的 TG 和 DTG 曲线图，如图 6-12（a）和（b）所示。从图 6-12（a）中可以看到，YT 和 UN-YT 在 130～280℃之间失重 7%，在 280～380℃之间失重 74%，而 CS 只在 280～380℃之间失重 82%。DT/YT、DT/CS 和 DT/UN-YT 较 DT 在 280～380℃出现了一个失重峰，失重量分别为 12%、25%和 20%，而在 340～430℃和 430～520℃之间的失重量轻微增加。从图 6-12（b）中可以看到 CS、YT 和 UN-YT 的失重最大速率峰分别在 380℃、370℃、350℃左右，说明了三者在此处基本完成了全部热解。DT 的失重速率峰有三个，其中两个在 380℃和 448℃左右，属于煤的第一次热解。另一个在 650℃左右，属于煤的第二次热解或矿物质的分解。加入 CS、YT 和 UN-YT 后煤样在 380℃和 448℃左右的失重量少量增加，这是因为它们的加入会促进煤的第一次热解。煤样在 650℃的二次热解或矿物质的分解量在 CS、YT 和 UN-YT 加入后基本不变，说明了醋酸纤维对煤的二次热解影响很小。

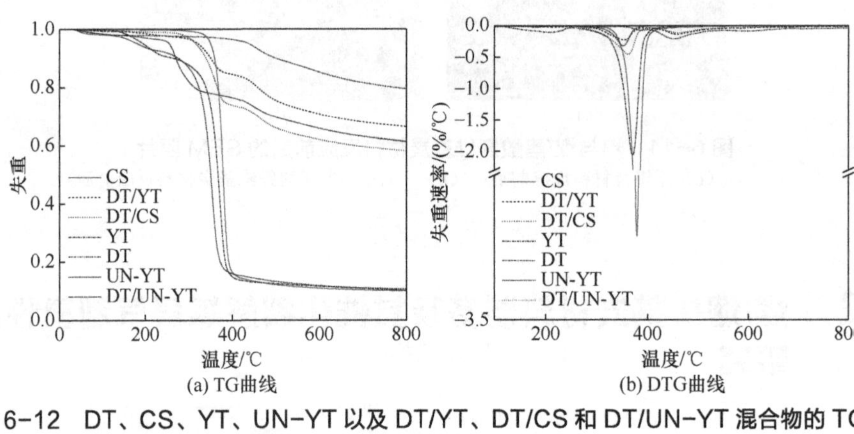

(a) TG曲线　(b) DTG曲线

图 6-12　DT、CS、YT、UN-YT 以及 DT/YT、DT/CS 和 DT/UN-YT 混合物的 TG 和 DTG 曲线

DT/AC、DT/CS-AC、DT/YT-AC 和 DT/UN-YT-AC 孔结构性质，如表 6-9 所示。从表 6-9 中可以看到，DT/CS-AC、DT/YT-AC 和 DT/UN-YT-AC 较

DT/AC 的总比表面积增加。其中 DT/CS-AC 的比表面积最大达到 2615m²/g，加入 CS、YT 和 UN-YT 主要促进所制炭材料内比表面积和微孔率的增加，表明了加入 CS、YT 和 UN-YT 对所制炭材料的比表面积和微孔率有很大影响，主要是促进了炭材料微孔的增加。

表 6-9　不同催化剂的孔结构和微晶结构性质

样品	S_{BET}/（m²/g）	S_{mic}/（m²/g）	S_{ext}/（m²/g）	V_t/（cm³/g）	V_{mic}/（cm³/g）	V_{mic}/V_t	D_{ave}/nm	I（D）/I（G）①
DT/AC	1984	179	1805	1.55	0.08	0.05	3.12	0.98
DT/CS-AC	2615	1325	1290	1.52	0.59	0.39	2.32	1.00
DT/YT-AC	2177	890	1287	1.37	0.41	0.30	2.53	0.99
DT/UN-YT-AC	2580	1035	1545	1.57	0.47	0.30	2.44	2.04

① 数据通过拉曼谱图计算得出。

DT/AC、DT/CS-AC、DT/YT-AC 和 DT/UN-YT-AC 氮吸附-脱附等温线和孔径分布曲线图，如图 6-13 所示。从图 6-13（a）中可以看到 DT/AC、DT/CS-AC、DT/YT-AC 和 DT/UN-YT-AC 的吸脱附等温线均呈现出迟滞回线，属于Ⅳ型等温线，说明其中含有一定数量的介孔。从图 6-13（b）中可以看出 DT/AC、DT/CS-AC、DT/YT-AC 和 DT/UN-YT-AC 的介孔主要集中在 2～5nm，其中 DT/AC 的介孔是最多的，微孔最少。DT/CS-AC、DT/YT-AC 和 DT/UN-YT-AC 的微孔数量较多，说明加入 CS、YT、UN-YT 后，会促进煤的热解从而导致所制炭材料微孔数量的增加，这与表 6-9 数据一致。

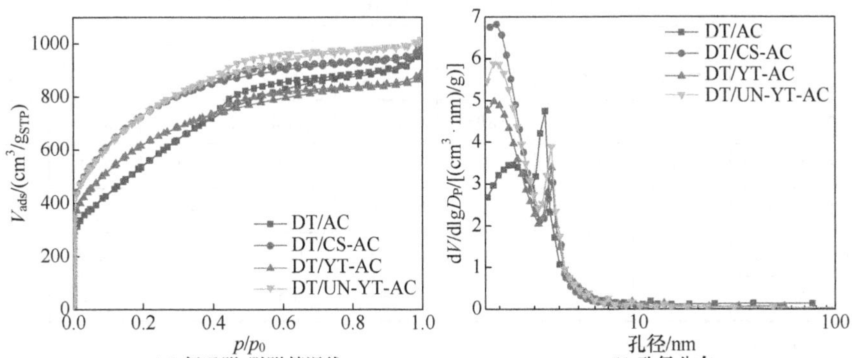

图 6-13　DT/AC、DT/CS-AC、DT/YT-AC 和 DT/UN-YT-AC 的氮吸附-脱附等温线和相应的孔径分布曲线

温度是影响 DT/UN-YT 所制炭材料表面化学性质和结构的一个重要因素，这将势必影响其催化煤层气裂解制氢的效果，因此，针对上述研究结果，本章分别在不同温度（550℃、650℃、750℃和 850℃）制备炭材料，并对它们表面化学性质和结构的差别进行研究。

DT/UN-YT 在不同温度所制炭材料的结构性质见表 6-10 和图 6-14。从图 6-14(a) 中可以看出，所有样品的氮吸附-脱附等温线均呈现出迟滞回线，说明这些样品中均含有一定数量介孔。其中，DT/UN-YT-550 和 DT/UN-YT-650 的等温线相对接近平行于 p/p_0 轴，说明它们是多微孔材料，而 DT/UN-YT-750 和 DT/ UN-YT-850 的等温线均为Ⅳ型曲线，表现出多介孔的特征。从图 6-14(b) 中可以看出，DT/UN-YT-550 和 DT/UN-YT-650 的介孔主要集中在 2～3nm，而 DT/ UN-YT-750 和 DT/UN-YT-850 的介孔主要集中在 2～5nm，但是二者的孔径分布则更加均匀。结合表 6-10 所示的各炭材料的孔结构参数，可以发现 DT/UN-YT-550、DT/UN-YT-650 和 DT/UN-YT-750 的比表面积和孔容随着炭化温度的升高呈现逐渐增大的趋势，DT/UN-YT-850 的比表面积和孔容却呈现下降的趋势，而它的外比表面积却是最大的。所有炭材料的介孔率随着炭化温度的升高整体呈现增加的趋势。DT/UN-YT-850 较 DT/AC 的比表面积提高 7.28%，孔容却下降 37.24%，说明 YT 的加入可以促进炭材料比表面积的增加。这可能是 DT/UN-YT-850 的孔径分布更加均匀所导致的。综上所述可知，DT/YT 所制炭材料的比表面积、孔容、孔径分布和介孔率都与温度有着重要的关联性。

表 6-10　DT/UN-YT 在不同温度所制炭材料的结构性质

样品	S_{BET}/ (m²/g)	S_{mic}/ (m²/g)	S_{ext}/ (m²/g)	V_t/ (cm³/g)	V_{mic}/ (cm³/g)	介孔率①/%	D_{ave}/nm	I（D）/ I（G）②
DT/AC	1984	179	1805	1.55	0.08	95	3.12	0.98
DT/UN-YT-550	1850	936	914	0.97	0.42	57	2.11	0.97
DT/UN-YT-650	2308	1622	686	1.10	0.69	37	1.90	1.18
DT/UN-YT-750	2900	279	2621	1.58	0.15	91	2.18	1.39
DT/UN-YT-850	2580	1035	1545	1.57	0.47	70	2.44	2.04

① 由公式计算：（$1-V_{mic}/V_t$）×100%。

② 由拉曼数据计算。

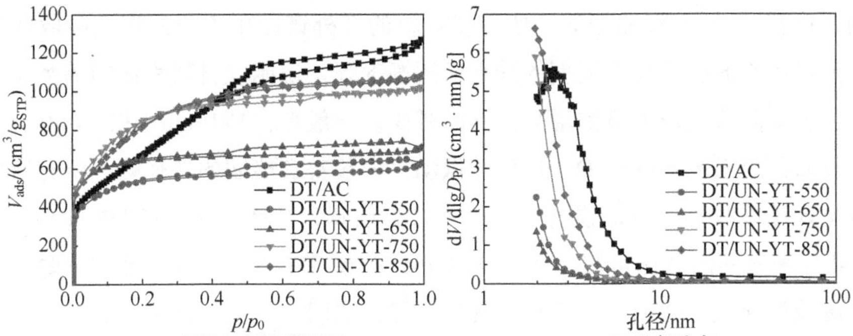

(a) 等温氮吸附-脱附图　(b) 孔径分布

图 6-14　DT/UN-YT 在不同温度所制炭材料的等温氮吸附-脱附图和孔径分布

DT/UN-YT 在不同温度所制新型炭材料的红外光谱图见图 6-15。从图 6-15 中可以看到，所有炭材料样品的吸收峰位置是一致的，说明它们具有相同种类的表面基团。在 $3400cm^{-1}$ 延续至 $3000cm^{-1}$ 的吸收峰归属于炭材料的羟基。随着温度的增加吸收峰的强度减弱，说明高温可以导致炭化和活化的反应加剧，从而使得炭材料所含羟基数量减少。在 $2970cm^{-1}$ 处的吸收峰归属于 C—H 对称和不对称伸缩振动。所有炭材料的吸收峰几乎消失，说明所有炭材料中的脂肪结构基本上全部被脱除。在 $2080cm^{-1}$ 左右出现的吸收峰归属于孪生双键如 C═C═C、C═C═O 和 C═C═N。随着温度升高，吸收峰的强度减弱，说明高温导致炭化和活化的反应加剧，从而使得所含孪生双键和 C═O 键的数量减少。在 $1100cm^{-1}$ 左右的吸收峰（$1300 \sim 900cm^{-1}$）归属于醇类和酚类的 C—O 单键伸缩

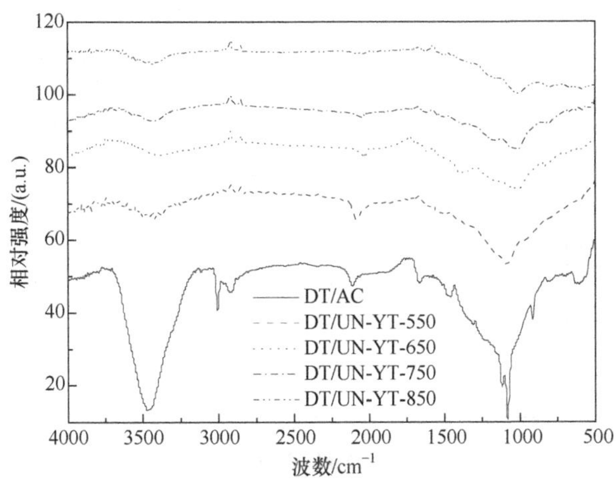

图 6-15　DT/UN-YT 在不同温度所制新型炭材料的红外光谱图

振动，以及 O—H 弯曲振动，所有炭材料的红外谱图中均能发现该吸收峰的存在。但是该峰的强度随着温度的升高而逐渐下降，说明炭材料表面的醇类和酚类官能团含量随着反应温度的增加而不断减少。一般地，1719cm^{-1} 和 1660cm^{-1} 处的吸收峰归属于 C═O 和 O—H 伸缩振动，为羧基官能团的特征峰，所有炭材料均没出现该吸收峰，说明炭材料表面不含有羧基官能团。由 DT/UN-YT-850 和 AC 红外光谱图的对比可知，DT/UN-YT-850 较 DT/AC 所含羟基类、醇类、酚类和羧酸类含氧官能团数量都有大幅度下降，说明 YT 的加入可以促进 DT 的反应，从而使其表面的含氧官能团被进一步消耗，这与图 6-12 中的结果相一致。

DT/UN-YT 在不同温度所制新型炭材料的拉曼光谱图见图 6-16。从图 6-16 可以看到，在 1345cm^{-1} 和 1595cm^{-1} 两处的吸收峰分别是炭材料的 D 峰和 G 峰。其中 G 峰一般表示石墨层碳碳键的平面伸缩振动，而 D 峰表示石墨层的缺陷结构。从图 6-16 中可看到，不同温度所制新型炭材料 D 峰和 G 峰的强度随着温度的增加呈现不同的变化趋势。一般地 I（D）/I（G）（D 峰与 G 峰的强度比）越大，则表示炭材料结构的无序度越高。如表 6-10 所示，所有炭材料的 I（D）/I（G）随着温度的升高逐渐加大，说明温度的升高有利于炭材料结构无序性的增加，炭材料的表面将会有更多的缺陷位产生。由 DT/UN-YT-850 和 DT/AC 的 I（D）/I（G）可知，DT/UN-YT-850 的比值较 DT/AC 的更大，说明 DT/UN-YT-850 的结构中含有更多的缺陷位，表明 YT 的加入可以促进 DT 结构表面产生更多的活性位。

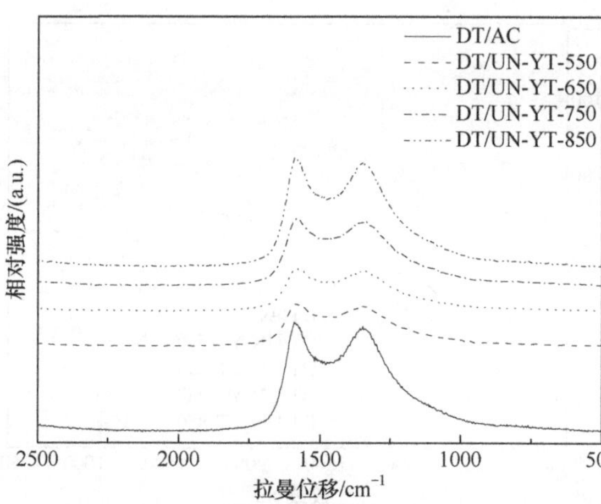

图 6-16 DT/UN-YT 在不同温度所制新型炭材料的拉曼光谱图

6.2.2 煤/烟头基炭材料催化裂解煤层气性能研究

DT/AC、DT/YT-AC 和 DT/UN-YT-AC 催化煤层气裂解制氢反应转化率图，如图 6-17 所示。从图 6-17 中可以看到，DT/AC 的初始活性最高，DT/AC、DT/YT-AC 和 DT/UN-YT-AC 在开始 30min 内转化率急剧降低，在 30～120min 内转化率趋于稳定，从 120min 之后呈现缓慢下降趋势直至失活。DT/AC 的初始活性是最高的，但从表 6-9 可知它的比表面积最小，因此说明炭材料催化裂解煤层气转化率与比表面积的大小不呈线性关系。这可能与所制炭材料表面含氧官能团有一定的关系。炭材料的稳定性与介孔的数量有关，介孔数量越多材料越稳定，因此 DT/AC 和 DT/UN-YT-AC 的稳定性较好。由此可知，在初始的 30min 内转化率快速下降与炭材料表面含氧官能团的浓度大小有关。随着反应的进行，炭材料中的孔隙会慢慢被反应生成的积炭堵住，因此对于介孔较多的 DT/AC 和 DT/UN-YT-AC 来说，它们反应的时间更长，更不容易失活。

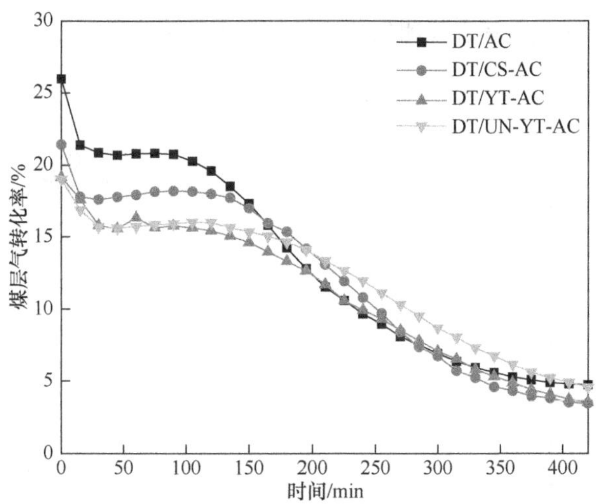

图 6-17 DT/AC、DT/CS-AC、DT/YT-AC 和 DT/UN-YT-AC 催化煤层气裂解制氢反应的转化率

为了进一步讨论 DT/CS-AC、DT/YT-AC 和 DT/UN-YT-AC 在裂解反应中的初始活性比 DT/AC 低的原因，对 DT/AC、DT/CS-AC、DT/YT-AC 和 DT/UN-YT-AC 进行了红外光谱分析，结果如图 6-18 所示。从图 6-18 中可以看到在 $3400cm^{-1}$ 处的吸收峰一直延续到 $3000cm^{-1}$ 左右，形成一个较宽的吸收带，归属

于羟基。DT/CS-AC、DT/YT-AC 和 DT/UN-YT-AC 的吸收峰明显增强，说明添加的 CS、YT 和 UN-YT 中的含氧官能团进入煤中，使其所含羟基数量增加。在 2930cm^{-1} 处的吸收峰归属于 C—H 伸缩振动。DT/CS-AC、DT/YT-AC 和 DT/UN-YT-AC 在此处的吸收峰基本消失了，说明 DT/CS-AC、DT/YT-AC 和 DT/UN-YT-AC 中的脂肪结构基本上被完全脱除。在 2100cm^{-1} 处的吸收峰归属于炔烃三键伸缩振动。DT/CS-AC 吸收峰增强，DT/YT-AC 和 DT/UN-YT-AC 的吸收峰强基本保持不变，说明加入 CS 促进了炔烃三键的增加。在 1680～1550cm^{-1} 内的吸收峰归属于羧酸、酸酐、内酯或者酮类的 C═O 伸缩振动。DT/CS-AC、DT/YT-AC 和 DT/UN-YT-AC 吸收峰减弱，说明加入 CS、YT 和 UN-YT 会抑制 C═O 基团的增加。在 1350～980cm^{-1} 内的吸收峰归属于酚类、醇类等官能团的 C—O 伸缩振动或 H—O 弯曲变形。DT/CS-AC 较 DT/AC 的吸收峰减弱较少，DT/YT-AC、DT/UN-YT-AC 较 DT/AC 的吸收峰减弱较多，说明加入 CS、YT 和 UN-YT 抑制了炭材料中 C—O 和 H—O 基团的增加。由此可知 DT/AC 初始活性最高，DT/CS-AC 次之，DT/YT-AC 和 DT/UN-YT-AC 最低，是因为所制炭材料中含氧官能团的浓度不同所导致的。

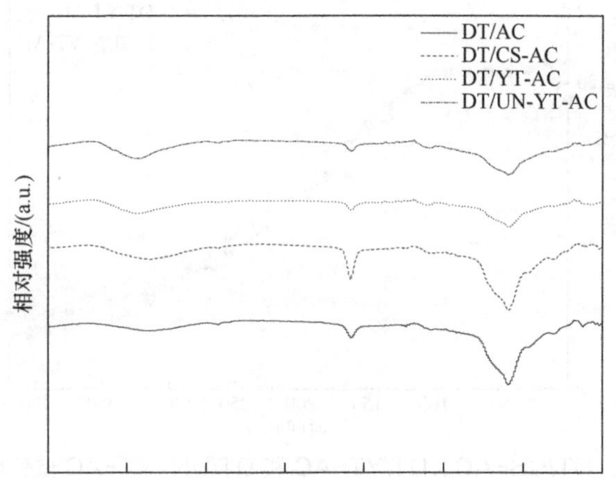

图 6-18　DT/AC、DT/CS-AC、DT/YT-AC 和 DT/UN-YT-AC 的 FT-IR 光谱图

DT/AC、DT/CS-AC、DT/YT-AC 和 DT/UN-YT-AC 拉曼分析结果，如图 6-19 所示。炭材料的拉曼吸收峰出现在 1330cm^{-1} 和 1586cm^{-1}，分别对应了 D 峰和 G 峰，它们的峰强或面积比主要体现了炭材料的无序性，无序性越高比值越高，炭

材料的石墨化程度越低。通过于昭仪等[2]的研究得出，以二氧化硅为添加剂合成的煤基石墨中，TXIC3 的 I(D)/I(G)值最小，此时它的石墨化程度最高。从表 6-9 中可以看到 DT/CS-AC、DT/YT-AC 和 DT/UN-YT-AC 的 I(D)/I(G)值增加，说明 DT/CS-AC、DT/YT-AC 和 DT/UN-YT-AC 具有较低的石墨化程度，结构也更加无序。从图 6-17 可以看到 DT/UN-YT-AC 表现出更好的煤层气催化裂解稳定性，说明炭材料结构的无序性是它能否具有较高煤层气催化裂解稳定性的因素之一。

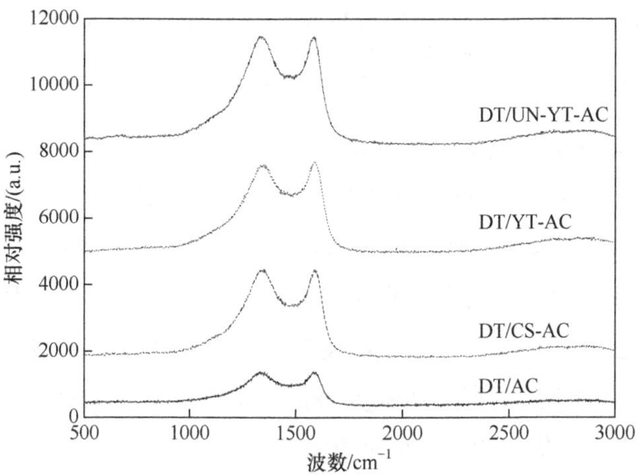

图 6-19　DT/AC、DT/CS-AC、DT/YT-AC 和 DT/UN-YT-AC 的拉曼谱图

DT/AC、DT/CS-AC、DT/YT-AC 和 DT/UN-YT-AC 催化煤层气裂解反应前后的 SEM 图如图 6-20 所示。从图 6-20（a）～（d）中可以看到 DT/CS-AC、DT/YT-AC 和 DT/UN-YT-AC 表面变得崎岖不平，这是因为添加 CS、YT 和 UN-YT 促进了煤的第一次热分解，从而使得 DT/CS、DT/YT、DT/UN-YT 和 KOH 反应中消耗了更多的碳。这也是 DT/CS-AC、DT/YT-AC 和 DT/UN-YT-AC 比表面积增加的一个原因。从图 6-20（e）～（h）可以看到，当炭材料催化煤层气裂解后，DT/AC 表面有少量的碳纤维和大量的碳球，DT/CS-AC 中只有碳球，DT/YT-AC 和 DT/UN-YT-AC 中产生更多的碳球和碳纤维，说明添加 YT 和 UN-YT 所制炭材料会促进碳纤维的生成。

本章首次采用 Design-expert 软件构建了 4 因素 3 水平的煤/醋酸纤维基分级多孔炭材料的实验方案，并通过构建模型和影响因素分析，最终求得该实验方案的最优解。将该最优解与实验值进行对比分析，并在最优条件下，通过大同煤原

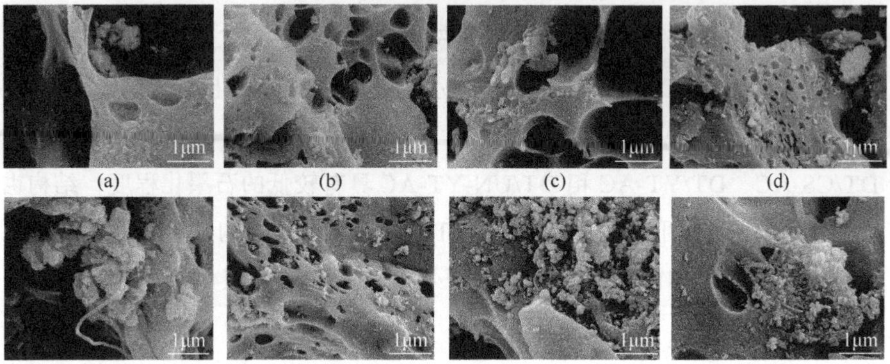

(a) (b) (c) (d)
(e) (f) (g) (h)

图 6-20 DT/AC、DT/CS-AC、DT/YT-AC 和 DT/UN-YT-AC 反应前后的 SEM 图

（a），（e）DT/AC 反应前后；（b），（f）DT/CS-AC 反应前后；
（c），（g）DT/YT-AC 反应前后；（d），（h）DT/UN-YT-AC 反应前后

位分别添加 CS、YT 和 UN-YT 并结合 KOH 化学活化法制备出 DT/CS-AC、DT/YT-AC 和 DT/UN-YT-AC，并将其应用于催化煤层气裂解制氢。同时也考察了不同温度对 DT/UN-YT 基炭材料结构和表面性质的影响。结果表明，利用 Design-expert 软件构建 4 因素 3 水平实验方案，并结合 29 组具体实验的转化率和氢产率数据进行影响因素计算，发现温度和碱碳比是煤/醋酸纤维基分级多孔炭制备的主要影响因素。利用 Design-expert 软件对煤/醋酸纤维基分级多孔炭制备过程影响因素进行优化计算，结果表明理论最优条件为：温度为 850℃、碱碳比为 4∶1、溶剂量为 48mL、醋酸纤维添加量为 1g。在该条件下，煤基炭材料有高的初始活性，煤/醋酸纤维基炭材料具有好的稳定性，说明醋酸纤维替代 25% 的煤制炭材料是可行的。利用 Design-expert 软件拟合出转化率与温度和碱碳比的计算公式，并将转化率的理论计算值与真实实验值进行验证实验，结果表明两者之间的最大误差为 3.05%，说明通过 Design-expert 软件对煤/醋酸纤维基分级多孔炭材料制备过程影响因素的设计和优化是可行的。煤原位添加 CS、YT 和 UN-YT 可以改变所制炭材料的表面化学性质和结构，DT/CS-AC、DT/YT-AC 和 DT/UN-YT-AC 较 DT/AC 的总比表面积增加。其中 DT/CS-AC 的比表面积最大达到 2615m^2/g，加入 CS、YT 和 UN-YT 主要促进所制炭材料内比表面积和微孔率的增加，表面含氧官能团减少，结构更加无序。DT/AC 催化裂解煤层气制氢转化率初始活性最高，DT/UN-YT-AC 的稳定性最好，炭材料的稳定性与介孔的数量和比表面积有关，DT/YT-AC 的转化率较低，说明废弃烟头中焦油含量对所制炭材料催化性能的影响较大。当炭材料催化煤层气裂解后，DT/AC 表面有

少量的碳纤维和大量的碳球，DT/CS-AC 中只有碳球，DT/YT-AC 和 DT/UN-YT-AC 中产生更多的碳球和碳纤维，说明添加 YT 和 UN-YT 所制炭材料会促进碳纤维的生成。温度对 DT/UN-YT 基炭材料的表面化学性质和结构有重要的影响。随着温度的升高，炭材料的最大比表面积和孔容可达 $2785m^2/g$ 和 $1.23cm^3/g$，所开孔几乎全为介孔，孔径均匀分布在 2～5nm，炭材料表面的含氧官能团减少，结构更加无序。

参考文献

[1] Soltani S M, Yazdi S K, Hosseini S. Effects of pyrolysis conditions on the porous structure construction of mesoporous charred carbon from used cigarette filters[J]. Appl Nanosci, 2014, 4: 551-569.

[2] 于昭仪, 谢卫宁, 邱钿, 等. 添加剂对煤基石墨微观结构的影响[J/OL]. 煤炭科学技术. https://doi.org/10.13199/j.cnki.cst.2021-0966.

[3] Barnes R L. Regulating the disposal of cigarette butts as toxic hazardous waste[J]. Tobacco Control, 2011, 20(1): 45-48.

[4] Lee W, Lee C. Developmental toxicity of cigarette butts—an underdeveloped issue[J]. Ecotoxicology and Environment Safety, 2015, 113: 362-368.

[5] Lee M, Kim G, Don S, et al. Preparation of energy storage material derived from a used cigarette filter for a supercapacitor electrode[J]. Nanotechnology, 2014, 25(34): 345601-345609.

[6] Wang C H, Ding Y J, Yuan Y, et al. Graphene aerogel composites derived from recycled cigarette filters for electromagnetic wave absorption[J]. Journal of Materials Chemistry C, 2015, 3(45): 11893-11901.

[7] Zhao Y Q, Lu M, Tao P Y, et al. Hierarchically porous and heteroatom doped carbon derived from tobacco rods for supercapacitors[J]. Journal of Power Sources, 2016, 307: 391-400.

[8] Sun H X, La P Q, Yang R X, et al. Innovative nanoporous carbons with ultrahigh uptakes for capture and reversible storage of CO_2 and volatile iodine[J]. Journal of Hazardous Materials, 2017, 321: 210-217.

[9] 罗化峰, 李通达, 乔元栋, 等. $Mg(NO_3)_2$ 对煤基活性炭及其催化甲烷裂解制氢的影响[J]. 现代化工, 2021, 41(7): 174-178.

[10] 王焦飞. 煤基活性炭催化甲烷裂解制氢研究[D]. 大连: 大连理工大学, 2018.

[11] 张建波. 煤直接液化残渣基炭材料的制备及应用[D]. 大连: 大连理工大学, 2013.

[12] Tanggarnjanavalukul C, Donphai W, Witoon T, et al. Deactivation of nickel

catalysts in methane cracking reaction: effect of bimodal meso-macropore structure of silica support[J]. Chemical Engineering Journal, 2015, 262: 364-371.

[13] Italiano G, Delia A, Espro C, et al. Methane decomposition over Co thin layer supported catalysts to produce hydrogen for fuel cell[J]. International Journal of Hydrogen Energy, 2010, 35: 11568-11575.